U0068788

改變讀書的順序
從歷年試題開始

陳信安

總編輯/建築師

前言　考試不是做學問 搞懂考古題才有機會

　　建築師考試自民國 90 年改為分科及格制,又在民國 108 年改為滾動式款建築師考試改採「滾動式」科別及格制,各及格科目成績均可保留三年。看起來是拉長考試作戰時間,不如應該盡快考上。盡快取得建築師門票,因此考驗者每一位建築考生如何將過往所累積的知識與經驗有效的融會在考試中。

　　正確的考試態度應該是全力以赴、速戰速決,切莫拖泥帶水,以免夜長夢多。從古自今,考試範圍只有增加、沒有減少,而且六科考試各科環環相扣,缺一不可。尤其是設計一科,更該視為建築綜合評量的具體表現。因此,正確的準備方式,更能事半功倍、畢其功於一役!

一、將所有書單建立主次順序

　　每一個科目應該以一本書為主,進行熟讀精讀,在搭配一本其他作者的觀點書寫的書籍作為補充,以一本書為主的讀書方式,一開始比較不會太過慌張,而隨著那一本書的逐漸融會貫通,也會對自己逐漸有信心。

二、搭配讀書進度記錄,研擬讀書計畫並隨時調整讀書計畫

　　讀書計畫是時間和讀書內容的分配計畫。一方面要量力而為,另一方面要有具體目標依循。

三、研讀理解計算熟練

　　對於考試內容的研讀與理解,讀書過程中,務必釐清所有的「不確定」、「不清楚」、「不明白」,熟悉到「宛如講師授課一般的清楚明白」。所有的盲點與障礙,在進入考場前,務必全部排除!

四、整理筆記

好的筆記書寫架構應該是：條列式、樹狀式，流程式，以及 30 字以內的文字論述。原因有二，原因一是：以上架構通常是考試的時候的答題架構。原因二是：通常超過這個架構的字數或格式我們不容易記住，背不起來的筆記，或不易讀的筆記絕對不是好筆記。

五、背誦記憶

常見幫助記憶的方法有：標題或關鍵字的口訣畫、圖像化。

幫助記憶的過程還是多次地默唸或大聲朗讀。

六、考古題練習

將所有收集得到的考古題，依據考試規定時間，不多不少地親手自行解答，找出自己沒有準備到的弱項，加強這一部份的準備。直到熟能生巧滾瓜爛熟。

七、進場考試：重現沙盤推演

親自動作做，多參加考試累積經驗，111 年度題解出版，還是老話一句，不要光看解答，自己一定要動手親自做過每一題，東西才會是你的！

考試跟人生的每件事一樣，是經驗的累績。每次考試，都是一次進步的過程，經驗累積到一定的程度，你就會上。所以並不是說你不認真不努力，求神拜佛就會上。多參加考試。事後檢討修正再進步，你不上也難。

多做考古題，你就會知道考試重點在哪裡。九華年度題解、題型系列的書是你不可或缺最好的參考書。

總編輯/建築師 陳信安

❧ <u>感　謝</u> ❧

※　本考試相關題解，感謝諸位老師編撰與提供解答。

　　　陳俊安　老師

　　　陳雲專　老師

　　　李奇謀　老師

　　　李彥輝　老師

　　　曾大器　老師

　　　曾大妍　老師

　　　黃詣迪　老師

　　　郭子文　老師

※　由於每年考試次數甚多，整理資料的時間有限，題解內容如有疏漏，煩請傳真指證。我們將有專門的服務人員，儘速為您提供優質的諮詢。

※　本題解提供為參考使用，如欲詳知真正的考場答題技巧與專業知識的重點。仍請您接受我們誠摯的邀請，歡迎前來各班親身體驗現場的課程。

目錄
Contents

命題大綱 PROPOSITIONAL OUTLINE

壹、高等考試三級考試

建築結構系統

適用考試名稱	適用考試類科
公務人員高等考試三級考試	建築工程
公務人員升官等考試薦任升官等考試	建築工程
特種考試地方政府公務人員考試三等考試	建築工程
特種考試交通事業鐵路人員考試高員三級考試	建築工程
專業知識及核心能力	一、了解基本結構力學原理。 二、具桁架、樑、及簡單建築構架之內力分析之能力。 三、了解各類型結構系統與結構行為。 四、了解鋼筋混凝土、鋼骨結構的力學性能、結構概念設計。
命題大綱	

一、基本結構力學原理

  （一）包括結構靜定、靜不定、與不穩定之研判

  （二）結構在不同荷載下之變形與內力定性研判

二、桁架、樑、及簡單建築構架之內力分析

  （一）包括不同荷載、不均勻沈陷、溫度變化等狀況下之內力和變形分析

  （二）彎矩圖、剪力圖、軸力圖之繪製

三、各類型結構系統與結構行為

  （一）包括鋼結框架、空間桁架、板殼、薄膜、懸索、木造、磚石造、RC造、鋼骨造、抗風結構、抗震結構、隔震消能結構

  （二）各類型建築物基礎之系統構成及相關知識

四、鋼筋混凝土與鋼骨結構設計基本概念與設計研判

五、結構系統與建築規劃設計之整合

六、與時事有關之建築結構問題	
備註	表列命題大綱為考試命題範圍之例示，惟實際試題並不完全以此為限，仍可命擬相關之綜合性試題。

營建法規

適用考試名稱	適用考試類科
公務人員高等考試三級考試	建築工程
公務人員升官等考試薦任升官等考試	建築工程
特種考試地方政府公務人員考試三等考試	建築工程
公務人員特種考試司法人員考試三等考試	司法事務官營繕工程事務組、檢察事務官營繕工程組
公務人員特種考試法務部調查局調查人員考試三等考試	營繕工程組
特種考試交通事業鐵路人員考試高員三級考試	建築工程
專業知識及核心能力	了解國土綜合開發計畫、區域計畫、都市計畫體系及相關法規、建築法、建築技術規則、山坡地建築管制辦法、綠建築等規則之規定。
命題大綱	
一、國土綜合開發計畫 　　（一）意義、內容和事項 　　（二）經營管理分區及發展許可制架構 　　（三）綜合開發許可制內容及許可程序及農地釋出方案（農業用地興建農舍辦法）	
二、區域計畫 　　（一）意義、功能及種類　　　　（四）施行細則 　　（二）空間範圍及內容　　　　　（五）非都市土地使用管制規則 　　（三）區域計畫法	
三、都市計畫體系及相關法規 　　（一）主管機關及職掌，擬定、變更、發布及實施 　　（二）主要計畫及細部計畫內容 　　（三）都市計畫制定程序 　　（四）審議	

（五）都市土地使用管制

（六）都市計畫容積移轉實施辦法

（七）都市計畫事業實施內容

（八）促進民間參與公共建設相關法令

（九）都市更新條例及相關法規，都市發展管制相關法令

四、建築法

（一）立法目的及建築管理內容

（二）建築法主管建築機關

（三）建築法的適用對象

（四）建築法中「建築行為」意義內容

（五）一宗建築基地及應留設法定空地規定

（六）建築行為人權利與義務規定及限制

（七）免由建築師設計監造或營造業承造建築物

（八）建築許可、山坡地開發建築許可、工商綜合區開發許可、都市審議許可

（九）建築基地、建築界線及開發相關法規管制計畫及管制規定

（十）建築施工管理內容及相關法令

（十一）建築使用管理內容及相關法令

（十二）其他建築管理事項

五、建築技術規則

（一）架構內容

（二）建築物一般設計通則內容

（三）建築物防火設計規範

（四）綠建築標章

（五）特定建築物定義及相關規定

（六）建築容積管制的意義、目的、範圍、內容、考慮因素、收益及相關規定

（七）建築技術規則其他規定

六、山坡地建築管制辦法

（一）法令架構　　　　　　　　　　（三）山坡地開發及建築管理

（二）山坡地開發管制規定內容　　　（四）山坡地防災及管理

七、綠建築

（一）定義

（二）綠建築的規範評估

（三）綠建築九大指標的設計評估

（四）綠建築的分級評估

（五）綠建築推動方案

備註	表列命題大綱為考試命題範圍之例示，惟實際試題並不完全以此為限，仍可命擬相關之綜合性試題。

建管行政

適用考試名稱	適用考試類科
公務人員高等考試三級考試	建築工程、公職建築師
特種考試地方政府公務人員考試三等考試	建築工程、公職建築師
特種考試交通事業鐵路人員考試高員三級考試	建築工程
專業知識及核心能力	一、了解建築管理之行政程序及行政救濟等。 二、了解建築管理上位計畫之關係。 三、了解建築法及其子法、公寓大廈管理條例等之管理程序及罰則。 四、了解建築師法及技師法之業務責任及獎懲。 五、了解建築管理的發展與演變。
命題大綱	
一、執行建築管理行政業務所涉之處分、處罰與行政救濟等相關業務之法規，包括中央法規標準法、地方制度法、行政程序法、行政執行法、訴願法及行政訴訟法等法規之原理原則。 二、區域計畫法、都市計畫法、建築法層級、體系及架構。 三、建築法、公寓大廈管理條例、違章建築處理辦法、建築物室內裝修管理辦法、建築物公共安全檢查簽證及申報辦法、建築物使用類組及變更使用辦法等法規。 四、建築師法、技師法及其相關法規。 五、建築管理之歷史演變及先進國家建築管理發展趨勢，現代建築管理之發展過程、理論、目的及建築管理之核心價值。	
備註	表列命題大綱為考試命題範圍之例示，惟實際試題並不完全以此為限，仍可命擬相關之綜合性試題。

建築環境控制

適用考試名稱	適用考試類科
公務人員高等考試三級考試	建築工程
特種考試地方政府公務人員考試三等考試	建築工程
特種考試交通事業鐵路人員考試高員三級考試	建築工程
專業知識及核心能力	一、了解建築環境控制於國際間最新趨勢與發展方向。 二、了解建築物理之基本原理與設計原則。 三、了解建築設備系統之構成與應用。 四、了解建築相關法系對於建築環境控制的規範。

命題大綱

一、國際新趨勢

    （一）地球環境　　　　（三）綠建築　　　　（五）生態工法

    （二）永續環境　　　　（四）健康建築　　　　（六）智慧生活空間

二、建築物理

    （一）建築和自然的關係，內容包括大氣候、區域氣候、微氣候對建築設計之影響等相關知識。

    （二）建築物溫熱之基本原理，節能設計原則，建築結構與構造之保溫、隔熱、防潮的設計，以及日照、遮陽、自然通風方面之設計。

    （三）建築物採光及照明之基本原理，採光設計標準，室內外環境照明之控制，以及採光照明與節能之應用。

    （四）建築音響之基本知識，內容包括環境噪音與室內噪音基準之控制，建築設計配合建築隔音與吸音材料，環境及使用性之隔音、吸音、噪音防治，音響設計規劃之音響評估指標等。

三、建築設備

    （一）建築給排水、衛生設備之系統構成，消防設備之防火、避難、滅火、救助，雨水、排水、通氣系統及節水之基本知識與應用。

    （二）空調系統之構成及設計需求、各空調主要設備之空間需求、通風空調系統及控制，以及空調與節能和健康之應用。

    （三）電力供電方式、電氣配線、電氣系統的安全防護、供電設備、電氣照明設計及節能及建築避雷針設備之基本知識，以及通信、廣播、有線電視、安全防犯系統、火災警報系統及建築設備自動控制、電腦網路與綜合佈線等應用。

（四）建築垂直運送機械系統，交通運送量的需求、室內動線的配置關係等應用。
四、相關法令規範
（一）建築法規及建築技術規則中有關設計施工之日照、採光、通風、節約能源及防 　　　　音等管制規範。
（二）建築法規及建築技術規則中有關電氣、給排水、衛生、消防、空調、昇降機等 　　　　設備之設計準則。

備註	表列命題大綱為考試命題範圍之例示，惟實際試題並不完全以此為限，仍可命擬相關之綜合性試題。

建築營造與估價

適用考試名稱	適用考試類科
公務人員高等考試三級考試	建築工程
公務人員升官等考試薦任升官等考試	建築工程
特種考試地方政府公務人員考試三等考試	建築工程
特種考試交通事業鐵路人員考試高員三級考試	建築工程
專業知識及核心能力	一、了解建築施工之專業知識與應用。 二、了解建築估價之專業知識與應用。
命題大綱	

一、綠建築材料與綠營造觀念認知與應用。

二、建築構法的系統、類型的認知、應用與控管等（如構造系統、基礎工程、結構體工程、內外部裝修工程、防災工程等相關構法）。

三、建築工法的技術、程序、安全、勘驗、規範的認知、應用與控管等。（如安全防護措施、設備機具運用、施工程序與技法、施工監造與勘驗、內外部裝飾工法、建築廢棄物再利用工法、建築物災後之修護和補強工法等）。

四、建築工程的施工計畫與品質管理的項目、程序、期程、方法、安全、品管、規範的認知、應用與控管等。

五、建築工程預算編列與發包採購的內容、方法的認知、應用與控管及建築工程價值分析和工料分析之方法等。

備註	表列命題大綱為考試命題範圍之例示，惟實際試題並不完全以此為限，仍可命擬相關之綜合性試題。

命題大綱
Propositional outline

建築設計

適用考試名稱	適用考試類科
公務人員高等考試三級考試	建築工程
公務人員升官等考試薦任升官等考試	建築工程
特種考試地方政府公務人員考試三等考試	建築工程
特種考試交通事業鐵路人員考試高員三級考試	建築工程
專業知識及核心能力	一、了解建築設計原理。 二、具各類建築型態之設計能力。 三、具建築繪圖技術及建築表現能力。
命題大綱	
一、建築設計原理 　　（一）基本原理　　　　（二）流程　　　　（三）建築史知識	
二、建築設計 　　（一）將主題需求轉化為設計條件 　　（二）運用建築設計解決建築問題 　　（三）建築之經濟性、功能性、安全性、審美觀、及永續性之原理與技術 　　（四）各類建築型態之設計準則 　　（五）相關法令及規範	
三、繪圖技術及建築表現 　　（一）建築物與其基地外部及室內環境及利用 　　（二）設計說明、分析、圖解配置圖、平面圖、立面圖、剖面圖、透視圖、及鳥瞰圖 　　　　　等表達設計理念、構想及溝通技巧 　　（三）評估建築優劣	
備註	表列命題大綱為考試命題範圍之例示，惟實際試題並不完全以此為限，仍可命擬相關之綜合性試題。

行政法、營建法規與實務（營建法規與實務部分）（112.1.1 施行）

適用考試名稱	適用考試類科
公務人員高等考試三級考試	公職建築師
特種考試地方政府公務人員考試三等考試	公職建築師
專業知識及核心能力	了解國土規劃、都市更新、建築技術規則等法規體系及其相關法令之規定。
命題大綱	
一、國土計畫法 二、建築技術規則 　（一）總則編 　（二）建築設計施工編 　（三）建築物無障礙設施設計規範 三、都市更新條例、都市危險及老舊建築物加速重建條例 四、政府採購法	
備註	表列命題大綱為考試命題範圍之例示，惟實際試題並不完全以此為限，仍可命擬相關之綜合性試題。

貳、普通考試

營建法規概要

適用考試名稱	適用考試類科
公務人員普通考試	建築工程
特種考試地方政府公務人員考試四等考試	建築工程
公務人員特種考試身心障礙人員考試四等考試	建築工程
特種考試交通事業鐵路人員考試員級考試	建築工程
專業知識及核心能力	了解營建法規、建管行政法規、營建法規體系、建築法、建築技術規則、綠建築、政府採購法。
命題大綱	

一、營建法規
  （一）意義、位階、分類、效力、應用原則、施行、適用、解釋及常用術語

二、建管行政法規
  （一）中央法規標準法　　　　（三）行政程序法
  （二）訴願法　　　　　　　　（四）執行法

三、營建法規體系
  （一）層級和架構
  （二）區域計畫法體系及相關管制法規
  （三）都市計畫法體系及相關管制法規
  （四）建築法體系及相關法規
  （五）建築技術規則體系及相關法規
  （六）營造業法
  （七）公寓大廈管理條例及其子法及建築物室內裝修管理辦法

四、建築法
  （一）立法目的及建築管理內容
  （二）建築法主管建築機關
  （三）建築法的適用對象
  （四）建築法中〝建築行為〞意義內容

（五）一宗建築基地及應留設法定空地規定

（六）建築行為人權利與義務規定及限制

（七）免由建築師設計監造或營造業承造建築物

（八）建築許可、山坡地開發建築許可、工商綜合區、開發許可、都市審議許可，建築基地、建築界線及開發相關法規管制計畫及管制法規

（九）建築施工管理內容及相關法令

（十）建築使用管理內容及相關法令

（十一）其他建築管理事項

五、建築技術規則

（一）架構內容

（二）建築物一般設計通則內容

（三）建築物防火設計規範

（四）綠建築標章

（五）特定建築物定義及相關規定

（六）建築容積管制的意義、目的、範圍、內容、考慮因素、效益及相關規定

（七）建築技術規則其他規定

六、建築技術規則體系

（一）建築物防火避難安全法規

（二）建築物使用類組及變更使用辦法

（三）舊有建築物防火避難設施及消防安全設備改善辦法

（四）建築物公共安全檢查簽證及申報辦法

（五）防火避難檢討報告書申請認可要點

（六）建築物防火避難性能設計計畫書申請認可辦法

七、綠建築

（一）定義

（二）綠建築的規範評估

（三）綠建築九大指標的設計評估

（四）綠建築的分級評估

（五）綠建築推動方案

八、政府採購法

（一）政府採購法及相關法令有關招標、審標、決標，履約管理，查驗及驗收

	（二）異議與申訴 （三）調解及採購申訴審議委員會的規定
備註	表列命題大綱為考試命題範圍之例示，惟實際試題並不完全以此為限，仍可命擬相關之綜合性試題。

施工與估價概要

適用考試名稱	適用考試類科
公務人員普通考試	建築工程
特種考試地方政府公務人員考試四等考試	建築工程
公務人員特種考試身心障礙人員考試四等考試	建築工程
特種考試交通事業鐵路人員考試員級考試	建築工程
專業知識及核心能力	了解建築施工的基本知識與應用。 了解建築估價的基本知識與應用。

命題大綱
一、綠建築材料與綠營造施工上基本觀念認知與應用（如有關綠建材、防火材料、綠營造的基本概念）
二、建築構法的系統、類型在施工上的基本觀念的認知與應用（如有關構造系統各類型、基礎工程、結構體工程、內外部裝修工程、防災工程等之基本施工概念）
三、建築工法的技術、程序、安全、勘驗、規範在施工上的基本觀念的認知與應用。（如安全防護措施、設備機具運用、施工程序與技法、施工監造與勘驗、內外部裝飾工法、建築廢棄物再利用工法、建築物災後之修護和補強工法等在施工上基本概念）
四、建築工程有關施工計畫與管理的項目、程序、期程、方法、安全、品管、規範在施工上的基本觀念的認知與應用（如建築施工計畫與建築施工品質管理等基本概念）
五、建築工程預算編列與發包採購在施工上的基本概念與應用及建築工程工料分析方法之基本概念及應用

備註	表列命題大綱為考試命題範圍之例示，惟實際試題並不完全以此為限，仍可命擬相關之綜合性試題。

工程力學概要

適用考試名稱	適用考試類科
公務人員普通考試	土木工程、建築工程
特種考試地方政府公務人員考試四等考試	建築工程
公務人員特種考試原住民族考試四等考試	土木工程
公務人員特種考試身心障礙人員考試四等考試	土木工程、建築工程
特種考試交通事業鐵路人員考試員級考試	土木工程、建築工程

專業知識及核心能力	了解力系及其平衡。 具材力及應力分析能力。 具樑柱在不同外力作用下的分析能力。

命題大綱

一、不同力系及其平衡
  （一）平面力系   （二）空間力系

二、簡單桁架之桿件內力分析

三、簡單懸索之變形和應力分析

四、型心與面積慣性力矩
  （一）各種幾何形狀之型心計算   （二）各種構材斷面之面積慣性力矩計算

五、受軸力構材之應力與應變概念
  （一）虎克定律   （二）波桑比   （三）剪應變等

六、樑在不同外力作用下之分析
  （一）變形   （二）繪製彎矩圖及剪力圖

七、柱的基本行為分析
  （一）結構穩定性概念
  （二）不同端部束制條件下柱之臨界載重
  （三）同心與偏心載重下之柱行為及設計概念

備註	表列命題大綱為考試命題範圍之例示，惟實際試題並不完全以此為限，仍可命擬相關之綜合性試題。

命題大綱
Propositional outline

建築圖學概要

適用考試名稱	適用考試類科
公務人員普通考試	建築工程
特種考試地方政府公務人員考試四等考試	建築工程
公務人員特種考試身心障礙人員考試四等考試	建築工程
特種考試交通事業鐵路人員考試員級考試	建築工程
專業知識及核心能力	一、了解投影幾何、光線與陰影之基本原理與應用。 二、了解國家標準（CNS）建築製圖符號之意義與用途。 三、了解建築製圖相關知識。 四、具備繪圖能力。

命題大綱
一、投影幾何之基本原理與應用 　　（一）正投影　　　　　　（二）斜投影　　　　　　（三）透視投影
二、光線與陰影之基本原理與應用
三、國家標準（CNS）建築製圖符號之意義與用途
四、建築製圖相關知識 　　（一）建築材料　　　　　　（四）建築設備 　　（二）建築構造與施工　　　（五）營建法規 　　（三）結構系統　　　　　　（六）建築估價
五、繪圖 　　（一）繪製建築物或物體三視圖及將二度空間圖面轉換成三度空間實體。 　　（二）運用等角圖及斜投影圖之繪法，繪出建築之示意圖。 　　（三）根據提供的草圖與資料，繪製建築圖包括：平面圖、立面圖、剖面圖及詳細圖。 　　（四）依據建築平面圖和立面圖，繪製室內或室外之一點或二點透視圖與陰影。

備註	表列命題大綱為考試命題範圍之例示，惟實際試題並不完全以此為限，仍可命擬相關之綜合性試題。

參、專門職業及技術人員高等考試

中華民國 93 年 3 月 17 日考選部選專字第 0933300433 號公告訂定
中華民國 97 年 4 月 22 日考選部選專字第 0973300780 號公告修正
中華民國 103 年 6 月 20 日考選部選專二字第 1033301094 號公告修正
中華民國 103 年 7 月 29 日考選部選專二字第 1033301463 號公告修正
中華民國 107 年 6 月 28 日考選部選專二字第 1073301240 號公告修正

專業科目數	共計 6 科目
業務範圍及核心能力	建築師受委託人之委託，辦理建築物及其實質環境之調查、測量、設計、監造、估價、檢查、鑑定等各項業務，並得代委託人辦理申請建築許可、招商投標、擬定施工契約及其他工程上之接洽事項。

編號	科目名稱	命題大綱
一	建築計畫與設計	一、建築計畫：含設計問題釐清與界定、課題分析與構想，應具有綜整建築法規、環境控制及建築結構與構造、人造環境之行為及無障礙設施安全規範、人文及生態觀念、空間定性及定量之基本能力，以及設定條件之回應及預算分析等。 二、建築設計：利用建築設計理論與方法，將建築需求以適當的表現方式，形象地表達建築平面配置、空間組織、量體構造、交通動線、結構及構造、材料使用等滿足建築計畫的要求。
二	敷地計畫與都市設計	一、敷地計畫：敷地調查及都市設計相關理論與應用，依都市設計及景觀生態原理，進行土地使用，交通動線、建築配置、景觀設施、公共設施、水土保持等計畫。 二、都市設計：都市計畫之宗旨、都市更新及都市設計之理論及應用（包含都市設計與更新、景觀、保存維護、公共藝術、安全、永續發展、民眾參與及設計審議等各專業的關係）。
三	營建法規與實務	一、建築法、建築師法及其子法、建築技術規則。 二、都市計畫法、都市更新條例及其子法。 三、國土計畫法、區域計畫法及其子法有關非都市土地使用管制法規。

		四、公寓大廈管理條例及其子法。
		五、營造業法及其子法。
		六、政府採購法及其子法、契約與規範。
		七、無障礙設施相關法規。
		八、其他相關法規。
四	建築結構	一、建築結構系統：系統觀念與系統規畫。 二、建築結構行為：梁、柱、牆、版、基礎、結構穩定性、靜定、靜不定、桁架、剛性構架、鋼骨、RC、木造、磚造、抗風結構、耐震結構、消能隔震、與時事有關之結構問題。 三、建築結構學：桁架與剛構架之結構分析計算。 四、建築結構設計與判斷：鋼筋混凝土結構或鋼結構。 五、其他與建築結構相關實務事項：不同的系統對於施工執行性、工期、費用等整體性效益之分析、具彈性改變使用永續性綠結構等。
五	建築構造與施工	一、建築材料：構造別之材料性能、常用材料、綠建材特性。 二、建築構造：基礎構造，木造、RC、S、SRC及其他造之主要構造，屋頂構造、外牆構造及室內裝修構造。 三、建築工法：防護措施、設備機具及其他各類工法之運用。 四、建築詳圖：常用之建築細部詳圖。 五、建築工程施工規範：常用之建築工程施工規範之認知（含無障礙設計施工規範）。 六、常識與觀念：建築、室內裝修及景觀之施工、構造、建材之一般常識與經驗，對永續、防災、生態等性能之運用。 七、不同材料對於施工執行性、工期、費用等整體性效益之了解。
六	建築環境控制	一、建築物理環境 　　（一）建築熱環境 　　（二）建築通風換氣環境 　　（三）建築光環境 　　（四）建築音環境 二、建築設備 　　（一）給排水衛生設備系統

		（二）消防設備系統
		（三）空調設備系統
		（四）建築輸送設備系統
		（五）電氣及照明設備系統
		三、時代趨勢：地球環境、永續建築、綠建築、綠建材、健康建築、生態工法、智慧建築、友善環境理念、近期發生事例分析。
		四、建築設計與環境控制之關係。
備註		表列各應試科目命題大綱為考試命題範圍之例示，惟實際試題並不完全以此為限，仍可命擬相關之綜合性試題。

資料來源：考選部。

一、表列各應試科目命題大綱為考試命題範圍之例示，惟實際試題並不完全以此為限，仍可命擬相關之綜合性試題。

二、若應考人發現當次考試公布之測驗式試題標準答案與最新公告版本之參考書目內容如有不符之處，應依「國家考試試題疑義處理辦法」之規定。

單元

1

公務人員
高考三級

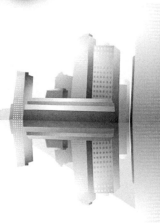

111年 公務人員高等考試三級考試試題／建築結構系統

一、下圖所示複合結構中，BD 為兩端鉸接之桿件，請分析此結構，繪出軸力圖、剪力圖與
彎矩圖。（25分）

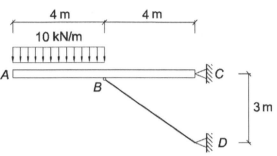

參考題解

BD 為二力桿，設軸力為 S_{BD}（壓力）

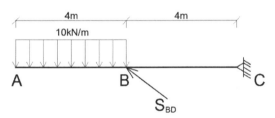

取 C 點彎矩彎矩平衡，$S_{BD} \times \frac{3}{5} \times 4 = 4 \times 10 \times 6$，得 $S_{BD} = 100kN$（壓力）

BC 段軸力 $N_{BC} = S_{BD} \times \frac{4}{5} = 80kN$（拉力）

依計算資料繪軸力圖、剪力圖及彎矩圖如下：

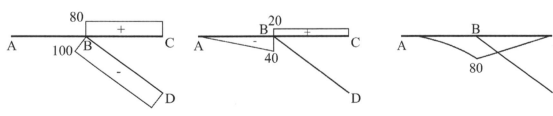

軸力圖（拉力為正，單位kN）　剪力圖（順時為正，單位kN）　彎矩圖（壓力側，單位kN-m）

二、下圖所示桁架承受三垂直集中載重：

（一）判斷此桁架為靜定或靜不定，並說明判斷依據。（5分）

（二）計算構件 DE、EG、FH、AG 所受之力。（20分）

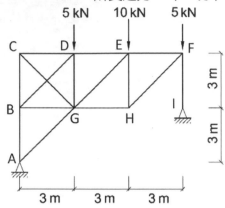

參考題解

（一）$N = b + r - 2j = 15 + 4 - 2 \times 9 = 1$

桁架為 1 次靜不定結構物。

（二）設 I 點支承力為 R_I、H_I，A 點支承力為 R_A、H_A，如圖

I 點水平力平衡，可得 $H_I = 0kN$，整體水平力平衡，得 $H_A = 0kN$

取整體結構 A 點彎矩平衡，$R_I \times 9 = 5 \times 3 + 10 \times 6 + 5 \times 9$，得 $R_I = \dfrac{40}{3} kN$

垂直力平衡，$R_A = 20 - \dfrac{40}{3} = \dfrac{20}{3} kN$

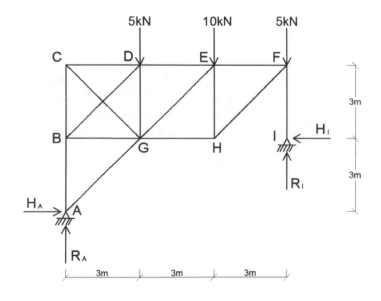

取結構自由體如圖，

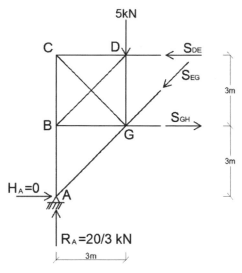

取 G 點彎矩平衡，$S_{DE} \times 3 = \frac{20}{3} \times 3$，得 $S_{DE} = \frac{20}{3} kN$（壓力）

垂直力平衡，$S_{GE} \times \frac{1}{\sqrt{2}} + 5 = \frac{20}{3}$，得 $S_{EG} = \frac{5\sqrt{2}}{3} kN$（壓力）

取結構自由體如圖，

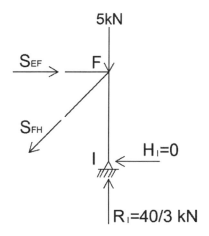

垂直力平衡 $S_{FH} \times \frac{1}{\sqrt{2}} + 5 = \frac{40}{3}$，得 $S_{FH} = \frac{25\sqrt{2}}{3} kN$（拉力）

取 A 點水平力平衡，可得 $S_{AG} = 0 kN$

三、回答下列問題：

（一）試述何謂「短柱效應」？（10 分）

（二）說明短柱效應對於 RC 建築結構耐震性能之影響，並提出因應對策。（15 分）

參考題解

（一）短柱效應：以鋼筋混凝土建築結構之剪力屋架梁柱系統而言，水平地震力由柱依側移勁度分配，各柱側移勁度受柱高影響甚大，在長短柱並存情況下，柱高較小者（短柱），側移勁度大，所承受之水平地震力較大，常見短柱效應破壞狀況如學校建築窗台束制柱體或廁所處開高窗等，以學校窗台狀況為例，其柱設計原以樓層淨高設計，施工後窗台與柱相連而使有效柱長減短，短柱側移勁度提高，在水平力相同之情況下，導致短柱承受之水平力（剪力）變大，已與原設計考量情況有明顯差異，可能使短柱剪力超過承載能力而破壞。示意如下圖及分析。

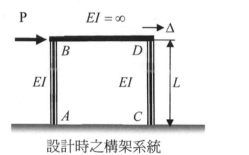

設計時之構架系統

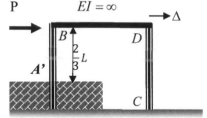

實際完成構架系統

	設計時	實際完成
側向力不變	$M_{AB} = M_{BA} = 0.25PL$ $V_A = \dfrac{1}{L}(M_{AB} + M_{BA}) = 0.5P$	$M_{A'B} = M_{BA'} = 0.257PL$ $M_{CD} = M_{DC} = 0.114PL$ $V_{A' = \frac{1}{2L/3}(M_{A'B}+M_{BA'})} = 0.771P$ $V_D = \dfrac{1}{L}(M_{CD} + M_{DC}) = 229P$

（二）為安全且經濟抵抗地震力作用，RC 建築結構通常採用韌性設計，即在大地震時容許建築物進入非彈性變形，如此可將彈性設計地震力予以降低，而為確保結構物能夠發揮良好韌性，需讓桿件之塑鉸能順利產生，且位置要產生在梁上，係為強柱弱梁的韌性設計概念，而若因短柱效應影響，如上述分析，大地震時可能導致短柱承受較大的水平力而產生脆性的剪力破壞，不符耐震設計理念，嚴重狀況可能讓整棟建築物傾倒，造成人員傷亡，危險性高。

因應對策：

1. 避免柱高差異大的設計。

2. 避免柱設計時結構模擬之假設情況與實質施作的差異。

3. 若有牆壁束制柱體影響柱高，則在壁體與柱體間設置隔離縫。

四、下圖所示為某五層樓 RC 建物之結構平面，採韌性立體剛構架系統，各層結構平面相同，因東側基地境界線歪斜之故，柱 B 並未直接以梁連結至柱 D，而以梁 BG 間接搭於梁 CD 上。試就建築空間、結構行為及構造施工之角度，分析相較於直接連結梁 BD（如虛線所示），目前方案有何優劣點？（25 分）

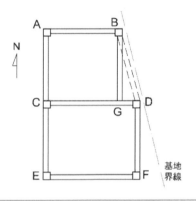

參考題解

將 BD 梁案相較於 BG 梁案，分析如下：

（一）建築空間：多層樓立面外牆通常連續施設並架於梁下，以達牆周良好支撐效果，故以 BD 梁案可得較大的室內建築空間。

（二）結構行為：本案結構系統為韌性立體剛構架系統，係為耐震設計規範抗彎矩構架系統，具有完整之立體構架承擔垂直載重，並以抗彎矩構架抵禦地震力，即以梁柱節點採剛接結合形成完整立體剛構架，形成整體共同抵抗垂直及水平載重，並以強柱弱梁的韌性設計概念，讓梁桿件在大地震時順利產生塑鉸以達消能抗震效果。BD 案形成較完整的立體剛構架，形成整體共同抵抗垂直及水平載重，垂直載由版傳遞至大梁到柱較為順暢，另經適當設計，連接 D 柱之梁端可在大地震時產生塑鉸達消能抗震效果。而 BG 案，該梁承受垂直載後，須藉由 CD 樑間接傳遞至 D 柱，力流較為複雜且對 CD 樑造成額外垂直載負擔，且該梁僅一端與 B 柱相接，另一端未與 D 柱直接相接，沒有形成完整剛構架系統，在整體剛構架共同抵抗地震力方面較差。

（三）構造施工：因應耐震設計之韌性要求， RC 結構的梁柱接頭及鄰近接頭交界面處通常配筋較為複雜，BD 梁案又梁與柱為斜交狀況，施工上較 BG 案複雜許多，如鋼筋綁扎、模版施作及灌漿等較為困難，可能致施工品質較不佳狀況。

結論：綜合以上分析，BG 梁案僅以構造施工較為簡單為其優點，在建築空間及結構行為來看皆較 BD 梁案差，故建議採用 BD 案為宜，並加強施工作業以確保品質。

111年 公務人員高等考試三級考試試題／營建法規

一、近年來都市地區建築物多朝向高層化、複合化發展，相對建築規模亦有增加之趨勢，為增進公共安全，請依建築技術規則規定，說明那些建築物申請建造執照時，應檢具防火避難綜合檢討報告書及評定書，或建築物防火避難性能設計計畫書及評定書，並經那些程序方可取得建造執照？（25 分）

參考題解

應檢具防火避難綜合檢討報告書及評定書，或建築物防火避難性能設計計畫書及評定書方可取得建造執照規定如下：

（一）建築物之設計、施工、構造及設備，依本規則各編規定。但（技則-I-3）

　　有關建築物之防火及避難設施，經檢具申請書、建築物防火避難性能設計計畫書及評定書向中央主管建築機關申請認可者，得不適用本規則建築設計施工編第三章、第四章一部或全部，或第五章、第十一章、第十二章有關建築物防火避難一部或全部之規定。

　　（※前項之建築物防火避難性能設計評定書，應由中央主管建築機關指定之機關（構）、學校或團體辦理。特別用途之建築物專業法規另有規定者，各該專業主管機關應請中央主管建築機關轉知之。）

（二）下列建築物應辦理防火避難綜合檢討評定，或檢具經中央主管建築機關認可之建築物防火避難性能設計計畫書及評定書；其檢具建築物防火避難性能設計計畫書及評定書者，並得適用本編第三條規定：（技則-I-3-4）

　　1. 高度達二十五層或九十公尺以上之高層建築物。但僅供建築物用途類組住宅組使用者，不在此限。

　　2. 供建築物使用類組商場百貨組使用之總樓地板面積達三萬平方公尺以上之建築物。

　　3. 與地下公共運輸系統相連接之地下街或地下商場。

　　※ 前項之防火避難綜合檢討評定，應由中央主管建築機關指定之機關（構）、學校或團體辦理。

二、請依建築技術規則說明何謂商業類建築，並請以商業類建築說明何謂防火構造及其防火區劃有何規定？（25 分）

參考題解

（一）建築技術規則建築物用途分類：（技則-I-3-3）

1. 係依相類似用途屬性之建築物分為 A～I 九大類，各類別之下再細分為各組別（共 24 組）。

B 類	商業類	供商業交易、陳列展售、娛樂、餐飲、消費之場所。	B-1 娛樂場所	供娛樂消費，且處封閉或半封閉之場所。
			B-2 商場百貨	供商品批發、展售或商業交易，且使用人替換頻率高之場所。
			B-3 餐飲場所	供不特定人餐飲，且直接使用燃具之場所。
			B-4 旅館	供不特定人士休息住宿之場所。

（二）說明防火構造規定

1. 防火構造：具有法定之防火性能與時效之構造。（技則-II-1）

2. 防火構造建築物之防火時效：（技則-II-69、70）

（1）下表之建築物應為防火構造。但工廠建築，除依下表 C 類規定外，作業廠房樓地板面積，合計超過五十平方公尺者，其主要構造，均應以不燃材料建造。

建築物使用類組		應為防火構造者		
類別	組別	樓層	總樓地板面積	樓層及樓地板面積之和
B 類	商業類 全部	三層以上之樓層	三〇〇〇平方公尺以上	二層部分之面積在五〇〇平方公尺以上。

說明：表內三層以上之樓層，係表示三層以上之任一樓層供表列用途時，該棟建築物即應為防火構造，表示如在第二層供同類用途使用，則可不受防火構造之限制。但該使用之樓地板面積，超過表列規定時，即不論層數如何，均應為防火構造。

（三）說明防火區劃規定

分戶牆及分間牆構造：（技則-II-86）

1. 連棟式或集合住宅之分戶牆，應以具有一小時以上防火時效之牆壁及防火門窗等防火設備與該處之樓板或屋頂形成區劃分隔。

2. 建築物使用類組為公共集會類、休閒文教類、娛樂場所組、商場百貨組、旅館組、醫療照護組、宿舍安養組、總樓地板面積為三〇〇平方公尺以上之餐飲場所組及各

級政府機關建築物，其各防火區劃內之分間牆應以不燃材料建造。但其分間牆上之門窗，不在此限。

3. 建築物屬 F-1 組、F-2 組、H-1 組及 H-2 組之護理之家機構、老人福利機構、機構住宿式服務類長期照顧服務機構、社區式服務類長期照顧服務機構（團體家屋）、身心障礙福利機構及精神復健機構，其各防火區劃內之分間牆應以不燃材料建造，寢室之分間牆上之門窗應為不燃材料製造或具半小時以上防火時效，且不適用前款但書規定。

4. 建築物使用類組為 B-3 組之廚房，應以具有一小時以上防火時效之牆壁及防火門窗等防火設備與該樓層之樓地板形成區劃，其天花板及牆面之裝修材料以耐燃一級材料為限，並依建築設備編第五章第三節規定。

5. 其他經中央主管建築機關指定使用用途之建築物或居室，應以具有一小時防火時效之牆壁及防火門窗等防火設備與該樓層之樓地板形成區劃，裝修材料並以耐燃一級材料為限。

前項第三款門窗為具半小時以上防火時效者，得不受同編第七十六條第三款及第四款限制。

> 三、市鎮計畫應先擬定主要計畫，請說明主要計畫如何訂定分區發展優先次序？第一期發展地區應於何時完成公共設施建設？（25分）

參考題解

分區發展優先次序之劃定應考慮事項：（分區次序劃定-2）

（一）新市區建設。

（二）舊市區之更新。

（三）均衡市區發展。

（四）其他特定目的。

都市計畫之實施進度：（都計-17、23）

（一）第一期發展地區應於主要計畫發布實施後，最多二年完成細部計畫。

（二）細部計畫應於核定發布實施後一年內豎立樁誌計算座標，辦理地籍分割測量，並將道路及其他公共設施用地、土地使用分區之界線測繪於地籍圖上，以供公眾閱覽或申請謄本之用。

（三）細部計畫發布後，最多五年完成公共設施。其他地區應於第一期發展地區開始進行後，次第訂定細部計畫建設之。

四、某建設公司擬興建一 16 層總樓地板面積 20,000 平方公尺之商業辦公大樓，請依建築法規定說明申請建造執照時，申請書應載明之事項，並說明興建過程當中，如有侵害他人財產或肇致危險時，其責任之歸屬。（25 分）

參考題解

（一）申請建造執照或雜項執照應備文件：（建築法-31）

起造人申請建造執照或雜項執照時，應備具申請書：（應載明下列事項）

1. 起造人之姓名、年齡、住址。起造人為法人者，其名稱及事務所。

2. 設計人之姓名、住址、所領證書字號及簽章。

3. 建築地址。

4. 基地面積、建築面積、基地面積與建築面積之百分比。

5. 建築物用途。

6. 工程概算。

7. 建築期限。

（二）侵害他人財產或肇致危險時，其責任之歸屬：（建築法-26）

直轄市、縣（市）（局）主管建築機關依本法規定核發之執照，僅為對申請建造、使用或拆除之許可。建築物起造人、或設計人、或監造人、或承造人，如有侵害他人財產，或肇致危險或傷害他人時，應視其情形，分別依法負其責任。

111 公務人員高等考試三級考試試題／建管行政

一、建築法規定建築師為建築物設計人，但以依法登記開業之建築師為限，建築師在符合
相關建築法令下進行規劃設計後而進行申請。但經常因為對於相關法令認知的差異或
疏漏，導致案件申請延誤甚至造成損失。為改善此現象，乃由內政部營建署訂定「建
造執照及雜項執照簽證項目抽查作業要點」，規定主管建築機關對於建造執照及雜項
執照之簽證項目，應視實際需要抽查，其比例為何？（10 分）有那些情形的建築物應
列為必須抽查？（15 分）

參考題解

（一）主管建築機關對於建造執照及雜項執照之簽證項目，應視實際需要按下列比例抽查：
（作業要點-5）

1. 五層以下非供公眾使用之建築物每十件抽查一件以上。

2. 五層以下供公眾使用之建築物每十件抽查二件以上。

3. 六層以上至十層之建築物每十件抽查二件以上。

4. 十一層以上至十四層之建築物每十件抽查四件以上。

5. 十五層以上建築物每十件抽查五件以上。

（二）前項案件屬下列情形之一者，應列為必須抽查案件：

1. 山坡地範圍內之供公眾使用建築物。

2. 建築基地全部或一部位於活動斷層地質敏感區或山崩與地滑地質敏感區內，且應進
行基地地下探勘者。

3. 檢具建築物防火避難性能設計計畫書或依規定應檢具建築物防火避難綜合檢討報
告書，經中央主管建築機關認可之建築物。

二、山坡地因其自然條件特殊，不適當之開發行為易導致災害發生，甚至造成不可逆之損
害。依山坡地保育利用條例第 25 條規定，當山坡地被超限利用時，主管機關應如何處
理？（9 分）屆期不改正者，依同條例第 35 條之規定處罰，除了可依同條例第 35 條之
規定處罰之外，並得以如何處理？（16 分）

參考題解

（一）山坡地超限利用者，由直轄市或縣（市）主管機關通知土地經營人、使用人或所有人
限期改正；屆期不改正者，依第三十五條之規定處罰，並得依下列規定處理：（保育
條例-25）

1. 放租、放領或登記耕作權之山坡地屬於公有者，終止或撤銷其承租、承領或耕作權，
收回土地，另行處理；其為放領地者，已繳之地價，不予發還。

2. 借用或撥用之山坡地屬於公有者，由原所有或管理機關收回。

3. 山坡地為私有者，停止其使用。

前項各款土地之地上物，由經營人、使用人或所有人依限收割或處理；屆期不為者，
主管機關得逕行清除，不予補償。

（二）有下列情形之一者，處新臺幣六萬元以上三十萬元以下罰鍰：（保育條例-35）

1. 依法應擬具水土保持計畫而未擬具，或水土保持計畫未經核定而擅自實施，或未依
核定之水土保持計畫實施者。

2. 違反第二十五條第一項規定，未在期限內改正者。

前項各款情形之一，經限期改正而不改正，或未依改正事項改正者，得按次分別處罰，
至改正為止；並得令其停工，沒入其設施及所使用之機具，強制拆除並清除其工作物；
所需費用，由經營人、使用人或所有人負擔。

第一項各款情形之一，致生水土流失、毀損水土保持處理與維護設施或釀成災害者，
處六月以上五年以下有期徒刑，得併科新臺幣六十萬元以下罰金；因而致人於死者，
處三年以上十年以下有期徒刑，得併科新臺幣八十萬元以下罰金；致重傷者，處一年
以上七年以下有期徒刑，得併科新臺幣六十萬元以下罰金。

三、某縣市曾發生一起火警，樓下是超商樓上有托嬰中心，所幸大火及時撲滅，沒有釀成傷亡。目前各大都市都有許多高樓，且常為複合型機能，低樓層設有商店、餐廳或公司行號，高樓層設置長照機構、托嬰中心或其他，若不小心也可能發生火災，且撲滅不易搶救困難，其傷亡必定慘重。建築技術規則對「高層建築物」有一些防火避難設施的要求，其中關於樓梯、特別安全梯、昇降機及緊急昇降機有那些規定？（25 分）

參考題解

防火避難設施：（技則-II-241、242、243）

（一）特別安全梯：

1. 數量：兩座以上之特別安全梯並應符合兩方向避難原則。

2. 位置：兩座特別安全梯應在不同平面位置，其排煙室並不得共用。

3. 高層建築物通達地板面高度五十公尺以上或十六層以上樓層之直通樓梯，且通達地面以上樓層與通達地面以下樓層之梯間不得直通。

（二）防火區劃：

1. 依技則規定。

2. 昇降機道及梯廳應以具有一小時以上防火時效之牆壁、防火門窗等防火設備及該處防火構造之樓地板自成一個獨立之防火區劃。

3. 高層建築物連接特別安全梯間之走廊通道應以具有一小時以上防火時效之牆壁、防火門窗等防火設備及該樓層防火構造之樓地板自成一個獨立之防火區劃。

（三）燃氣設備：

1. 高度在五十公尺或樓層在十六層以上部分，除住宅、餐廳等係建築物機能之必要時外，不得使用燃氣設備。

2. 高層建築物設有燃氣設備時，應將燃氣設備集中設置，並設置瓦斯漏氣自動警報設備，且與其他部分應以一小時以上防火時效之防火牆、防火門窗等防火設備及該層防火構造之樓地板予以區劃分隔。

（四）緊急昇降機：

1. 緊急用昇降機載重能力應達十七人（一千一百五十公斤）以上。

2. 速度不得小於每分鐘六十公尺，且自避難層至最上層應在一分鐘內抵達為限。

（五）配管管材：（技則-II-247）

高層建築物各種配管管材均應以不燃材料製成或包覆，其貫穿防火區劃之施作應符合本編第八十五條、第八十五條之一規定。

高層建築物內之給排水系統，屬防火區劃管道間內之幹管管材或貫穿區劃部分已施作防火填塞之水平支管，得不受前項不燃材料規定之限制。

四、建管行政法規，為行政法之一種。行政法概括而言，為國內公法，規定行政組織及其
　　職權與作用法規之總稱，請依中央法規標準法、行政程序法及相關建築法規，請回答
　　下述問題：

　　（一）何謂建管法規？（5分）

　　（二）依法規性質可分法律及法規命令，法律的法定名稱共有四種，是那四種？（8分）

　　（三）請任選三種且各列舉一例與建管法規有關的法律。（12分）

參考題解

（一）就其內容而言，可概分為建管行政法規及建築技術法規兩大部分。建管行政法規主要
　　　係針對建築行為人的權責義務、開發建築使用申辦的管制作業流程等內容予以規定，
　　　以建築法、都市計畫法、區域計畫法等相關法規為主；建築技術法規則主要針對建築
　　　物的設計、施工等層面予以最基本的限制與規範，而以建築法、建築技術規則等相關
　　　法令為主。

（二）、（三）法律：係指經立法院依立法程序制定並經總統公佈者，得定名為法、律、條例
　　　　　或通則。（中央法規-2）

　　　1. 法：屬全國性或一般性之規定，如建築法、都市計畫法、區域計畫法等。

　　　2. 律：如戰時軍律（已廢止）。

　　　3. 條例：屬地區性或臨時特殊性之規定，如公寓大廈管理條例、都市危險及老
　　　　　舊建築物加速重建條例、都市更新條例等。

　　　4. 通則：屬同一類事項共同適用之原則，如國家公園管理處組織通則。

111 公務人員高等考試三級考試試題／建築環境控制

一、電聲系統（即揚聲器系統，又稱 PA 系統）是現代每個公共空間必然的設備，在聲學領域中電聲與自然聲的物理指標有很多相似之處；請敘述安裝於禮堂或體育館，乃至於高鐵站購票大廳中電聲系統所扮演的重要性及設備應達到的性能標準為何？（20 分）

參考題解

【 參考九華講義-設備 第 7 章 其他設備、緊急廣播設備用揚聲器認可基準 】

應達性能項目	性能標準
形狀及構造	揚聲器之形狀及構造等應與所提供之設計圖面及尺寸公差等相符。
音壓	S 級 84dB~87dB M 級 87dB~92dB L 級 92dB 以上
頻率特性	圓錐型揚聲器之額定頻率範圍上限值需達 8kHz 以上，為功能正常。額定頻率範圍上限值之音壓位準不可低於特性感度音壓位準 20dB 以上。號角型揚聲器頻率區域之最高頻率範圍上限值需達 4kHz 以上，為功能正常。判定額定頻率範圍上限值之音壓位準不可低於音壓位準算術平均值 20dB 以上。
阻抗特性	圓錐型揚聲器之標稱阻抗為音圈之阻抗之絕對值在最低共振頻率以上之頻帶內之最低頻率時之阻抗值，其單位以（Ω）表示。其額定頻率範圍之最低阻抗值需達標稱阻抗之 80%以上。號角型揚聲器之標稱阻抗為頻率 1000Hz 時，輸入端子（附音圈及匹配變電壓器指接有音圈之一次側）之電氣阻抗絕對值，其單位以（Ω）表示。其單頻 1kHz±15%之阻抗持性需達標稱額定阻抗特性之±15%範圍內。
環境溫度	放置於-10°C及 40°C之環境中各 12 小時，再置於常溫中，以額定功率之第二信號音執行鳴動測試 1 分鐘，音壓、音質等無異常音或雜音等情況，為功能正常。
連續鳴動	以額定電壓之第二信號音執行連續鳴動測試 8 小時，音壓、音質等無異常音或雜音等情況，為功能正常。

應達性能項目	性能標準
絕緣阻抗	之絕緣阻抗試驗，於直流 500V 之導通電路條件下，以絕緣電阻計測定，絕緣電阻值需大於 10MΩ 以上，為功能正常。 1. 內藏變壓器之揚聲器：測試揚聲器端子和附著於揚聲器金屬間或與揚聲器框架間之絕緣電阻。 2. 與變壓器組合使用之揚聲器：測試其變壓器之一次端子和附著於揚 5 聲器金屬間或與揚聲器框架間之絕緣電阻。 3. 上述以外揚聲器：測試揚聲器端子和附著於揚聲器金屬間或與揚聲器框架間之絕緣電阻。
耐電壓	於交流 500V 之導通電路條件下，以接近 50Hz 或 60Hz 之正弦波實效電壓 500V 之交流電壓加於其上，其耐電壓時間為 1 分鐘。 1. 內藏變壓器之揚聲器：測試揚聲器端子和附著於揚聲器金屬間或與揚聲器框架間之絕緣電阻。 2. 與變壓器組合使用之揚聲器：測試其變壓器之一次端子和附著於揚聲器金屬間或與揚聲器框架間之絕緣電阻。 3. 上述以外揚聲器：測試揚聲器端子和附著於揚聲器金屬間或與揚聲器框架間之絕緣電阻。
音響功率	若量測之額定功率非 1W，則需將其量測功率換算為 1W 之功率，方能宣告 1W 之音響功率。（需經公式計算）

指向特性區分	揚聲器種類	指向特性區分	區分角度之指向係數 Q 限值			
			0°~15°	15°~30°	30°~60°	60°~90°
	圓錐型揚聲器	W	5	5	3	0.8
	號角型圓錐揚聲器、直徑 200 mm 以下號角型揚聲器	M	10	3	1	0.5
	直徑超過 200mm 號角型揚聲器	N	20	4	0.5	0.3
	其他	X	採用上述角度或是申請其他用途之角度			

應達性能項目	性能標準
標示	於揚聲器上應以不易抹滅之方法標示下列項目： 1. 廠牌或廠商名稱。 2. 型式及型號。 3. 製造編號（即序號 SeriesNumber） 4. 製造年份。 5. 標稱阻抗（Ω）、額定輸出功率（W）、音壓位準等級。 6. 接線方式。 7. 依各類場所消防安設備設置標準第 133 條第 3 款規定採性能設計之緊急廣播設備揚聲器，須加註下列兩項： （1）音響功率位準例如：p = 95 dB（1W）。 （2）指向特性區分（W.M.N.X）。檢附操作說明書並符合下列規定： 　① 包裝揚聲器之容器應附有簡明清晰之揚聲器安裝及操作說明書，並視需要提供圖解輔助說明。 　② 說明書應包括產品安裝及操作之詳細指引及資料。 　③ 同一容器裝有數個同型揚聲器時，至少應有一份安裝及操作說明書。 　④ 作為揚聲器檢查及測試之用者，得詳述其檢查及測試之程序及步驟。 　⑤ 其他注意事項。

二、對於室內熱環境的探討利用空氣線圖（psychrometric chart）做為工具，請說明下列問題：（必要時可簡繪圖型輔助說明）（每小題 10 分，共 30 分）

（一）使用乾濕球溫度計去決定相對濕度，該如何測定？

（二）當冬季來臨，要衡量牆內有無結露現象，該如何測定？

（三）使用空調設備在某已知容積的空間內，每小時要將室溫下降稍許度數時，請說明設備欲計算每小時排出之額度熱量該如何測定？

參考題解

（一）相對濕度（relative humidity）：是指濕空氣中水蒸汽的分壓（pv）與該濕空氣乾球溫度所對應的飽和水蒸汽壓（ps 或 pg）之比（φ）稱之。

$$\Phi = Pv / Ps \ (tDB)$$

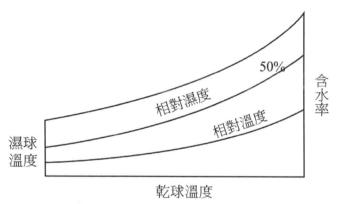

（二）1. 觀察表面是否有返潮現象或表面水滴流淚。

2. 若有不同物質接觸牆壁（例如鐵釘，窗框）是否有鏽蝕或水痕？

3. 壁體有無白華獲漆面剝落？

（三）首先要了解該空間的冷房要求，例如旅館、辦公室、醫院病房的低標準是 1720 BTU／每坪，中標準 2000 BTU／每坪，高標準 2400 BTU／每坪，得出冷房力須求再以空調機控制所需排出的熱量，除使用機械排熱的熱量控制，亦建議使用換氣方式排熱，較為省能。

必要換氣量（CMH）＝ 每小時必要換氣次數 × 房間容積（m³），

另若以房間內人數來計算必要換氣量（CMH）

＝ 人數 × 20 m³（20 m³ 是一個人一小時內的必要換氣量）

三、工業發展、交通繁忙甚至是火力發電造成大氣充滿對身體有傷害的氣體或浮游物質，請說明空氣品質指標 AQI（Air Quality Index）的內容及其律定方式。（20 分）

參考題解

【參考九華講義-設備 第 3 章 空調設備、行政院環保署網站-空氣品質指標】

空氣品質指標	內容	單位	律定方式
PM2.5	細懸浮微粒：交通污染（道路揚塵、車輛排放廢氣）、營建施工、工業污染、境外污染、露天燃燒	（μg/m³）	良好 0～50
PM10	懸浮微粒：交通污染（道路揚塵、車輛排放廢氣）、營建施工、工業污染、境外污染、露天燃燒	（μg/m³）	普通 51～100
SO2	二氧化硫：自然界（火山）、燃料中硫份燃燒。	(ppb)	對敏感族群不健康 101～150
NOx	氮氧化物：燃燒過程中，空氣中氮或燃料中氮化物氧化而成，光化學反應中可反應成二氧化氮。	(ppb)	對所有族群不健康 151～200
CO	一氧化碳：除森林火災、甲烷氧化及生物活動等自然現象產生外石化等燃料之不完全燃燒產生	(ppm)	非常不健康 201～300 / 危害 301～400
O3	臭氧：係一種由氮氧化物、反應性碳氫化合物及日光照射後產生之二次污染物。	(ppm)	危害 401～500

四、有關室內自然採光利用的探討，開窗型式與工作面空間關係評估的過程中，將開窗視為面光源來計算工作面照度時，請說明下列問題：（必要時可簡繪圖型輔助說明）（每小題 10 分，共 30 分）

（一）開窗型式之影響因子有那些？

（二）晝光率是評估室內工作面照度的重要因子，請說明其定義。

（三）藉由面光源取得工作面上直接投射率的理由。

參考題解

（一）開窗形式之影響：

設計方面：受外環境影響，無論自然光，通風，方位等皆會影響開窗選擇形式。

室內方面：開窗型式會影響室內照度、均齊度、溫熱環境，通風環境等。

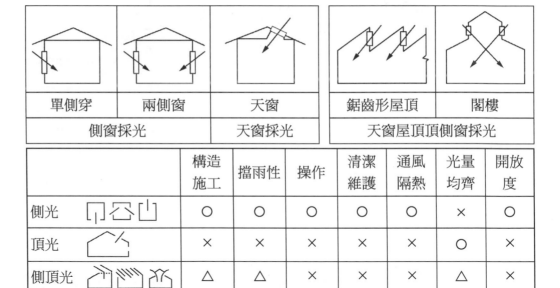

	單側穿	兩側窗	天窗	鋸齒形屋頂	閣樓
	側窗採光		天窗採光	天窗屋頂頂側窗採光	

		構造施工	擋雨性	操作	清潔維護	通風隔熱	光量均齊	開放度
側光	口凸凵	○	○	○	○	○	×	○
頂光		×	×	×	×	×	○	×
側頂光		△	△	×	×	×	△	×
底光		×	△	○	△	○	△	×

（二）晝光率是評估室內工作面照度的重要因子，請說明其定義。

室內某點的照度，受照面的方向是因目的而決定，該時之全天空照度，是指同時刻戶外無障礙物，除去水平面直射日光時之全天空光所獲得之照度。

$$D = \frac{受照點照度 E}{全天空照度 E_s} \times 100(\%)$$

（三）藉由面光源取得工作面上直接投射率的理由。

為照度設計、光環境舒適度而計算視覺敏銳度及對比感光度。

視覺敏銳度指的是區別被視物細部之能力，對比感光度，指的是區別光度或亮度之能力，兩者都隨著工作面之光強度而改變；它們取決於入射光之強度、入射光之角度及工作面之反射能力。

若對比感光度降低了百分之一，而仍欲維持同等的可見度，則需增加百分之十五的照度方能達到。

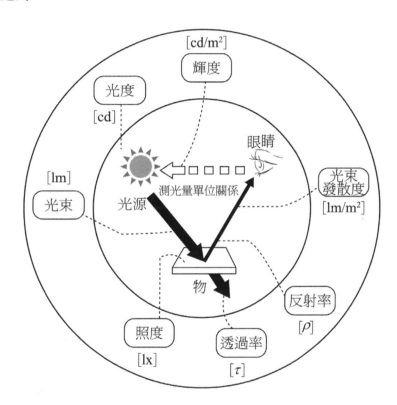

111年 公務人員高等考試三級考試試題／建築營造與估價

一、銲接作業在鋼構造中極為重要，試以繪圖及說明填角銲或開槽銲於銲接時可能發生的缺陷及原因。而在完成銲接後，又可透過那些方法來進行檢驗？（25分）

參考題解

【參考九華講義－構造與施工 第13章 鋼構造】

項目	內容					
銲道檢驗方法	檢測方式	內容		表面檢測	淺層檢測	內部檢測
	磁粒檢測	利用磁粒受磁極作用後排列方式，藉以判斷銲道（銲接）處良窳。		佳	尚可	否
	液滲檢測	利用有色滲液加上顯影液以及 UV 光源，強調出銲道（銲接）處良窳或缺失。		佳	否	否
	射線檢測	以 X 光源及背部成像底片，顯現銲道（銲接）處良窳或缺失，為各項非破壞性檢測中最為精確之方式。		佳	佳	佳
	超音波	利用超音波探頭發出音波並回彈接收後分析波段，藉以判斷銲道（銲接）處良窳，需較有經驗者實施與判斷。		可	可	佳
	目視	僅由銲接部位表面判斷銲道（銲接）處良窳，對於細微缺失、淺層及內部缺失難以發現判別。		可	否	否

項目	缺陷及原因	適用檢驗方法
填角銲或開槽銲於銲接時可能發生的缺陷及原因	1. 龜裂：鋼材與銲條匹配不佳，銲接前未做預熱處理及烘乾等易發生龜裂現象。	超音波、液滲檢測、目視
	2. 凹凸孔：由於銲接時銲趾距離過長或過短導致。	液滲檢測、目視
	3. 銲蝕：銲接作業電弧控制不佳，造成母材邊緣融蝕。	超音波、液滲檢測、目視
	4. 氣孔：銲接凝固時氣體進入銲道而造成，若為內部氣孔應重做銲接作業。	超音波、磁粒檢測、液滲檢測、射線檢測
	5. 夾道：前道銲接之銲渣未清除即施作下一道銲接。	超音波、磁粒檢測、液滲檢測、射線檢測

二、試繪圖及說明當以鋼筋混凝土構造為基礎時，鋼構造其柱腳錨栓有那些固定（埋設）
方法？（25分）

參考題解

【 **參考九華講義－構造與施工 第 12 章鋼構造概論、鋼構造建築物鋼結構施工規範** 】

鋼構造其柱腳錨栓固定（埋設）方法：依鋼構造建築物鋼結構施工規範規定，錨栓之埋設依
施工方法可分為固定埋設法、可調埋設法及預留孔法三種。埋設方法須符合設計圖說規定。

方法	內容
固定埋設法	此法為以測量儀器測出錨栓之高程及正確位置後，以鋼製套模或樣板（TEMPLATE）將錨栓群套於正確位置，並以堅固之獨立鋼構架將樣板精確固定，再澆灌混凝土。此種固定方式於澆灌混凝土後沒有調整機會，因此在安裝時應正確量測其中心位置、高程與垂直度並固定之，使澆置混凝土時無鬆動之虞。重要工程（廠房、大樓）多採此法。 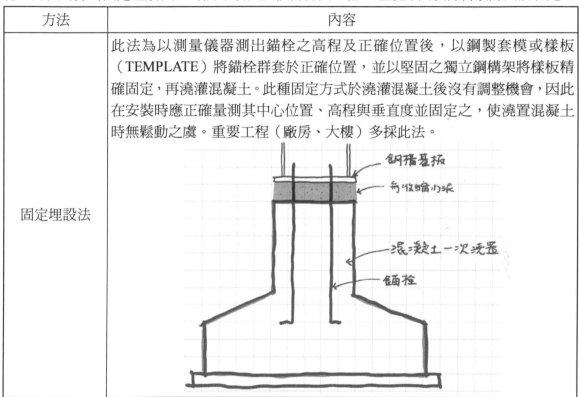

方法	內容
可調埋設法	此法為於錨栓上段以薄鋼板製成漏斗狀或圓筒狀，於灌漿前塞入錨栓埋設位置，以使混凝土不致圍束錨栓上段。混凝土凝固後是否除去套筒則依施工圖說規定；若需除去，則於混凝土澆置後，尚未完全凝固前拔起套筒，空出錨栓上節部分。安裝作業時，錨栓位置如有偏差可做小幅度調整，再灌漿填平。此法在錨栓直徑超過 25 mm 時，調整工作將有困難。一般較簡單或輕型鋼造採用此法。 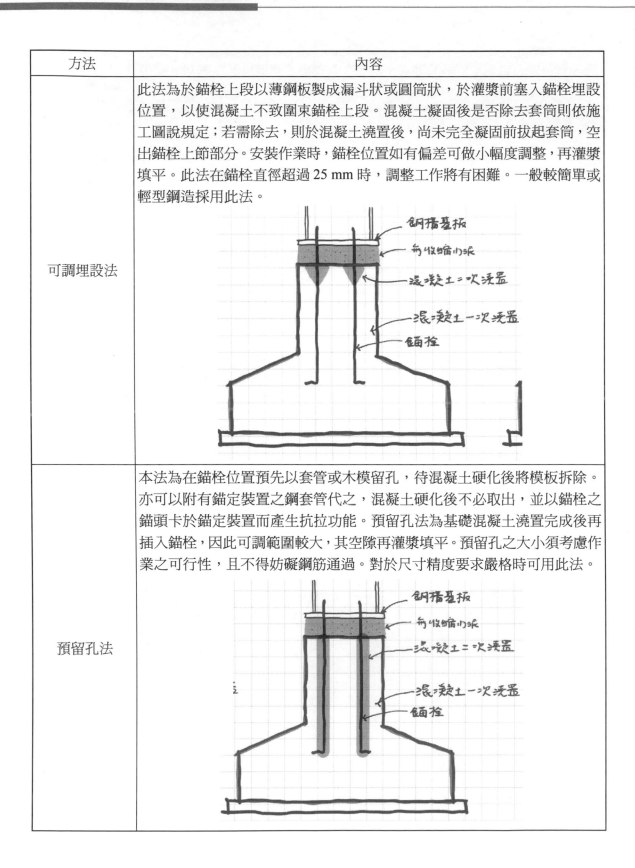
預留孔法	本法為在錨栓位置預先以套管或木模留孔，待混凝土硬化後將模板拆除。亦可以附有錨定裝置之鋼套管代之，混凝土硬化後不必取出，並以錨栓之錨頭卡於錨定裝置而產生抗拉功能。預留孔法為基礎混凝土澆置完成後再插入錨栓，因此可調範圍較大，其空隙再灌漿填平。預留孔之大小須考慮作業之可行性，且不得妨礙鋼筋通過。對於尺寸精度要求嚴格時可用此法。

三、何謂柱樑構架（軸組）式木構造？請以 2 層樓高度規模之木構為例，繪圖說明其構成及組立方式。（25 分）

參考題解

【參考九華講義－構造與施工 第 16 章 木構造】

（一）柱樑構架（軸組）式木構造：

相較於傳統木構造運用不同材料來源、尺寸，加工應用於各個適切位置；軸組工法梁柱等構件大量使用一致斷面尺寸及長度材料（模矩化），實現快速（大量）生產之優勢。如梁柱斷面 105 mm、120 mm、長度 3M~6M。

（二）構成及組立方式示意圖：

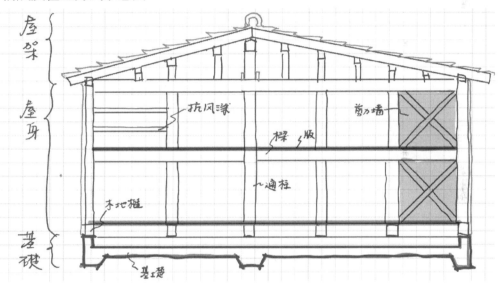

四、今有一棟 5 層樓之鋼筋混凝土構造建築物，經鑑定後發現其整體結構強度不足，若欲對其既有柱構件進行補強，請繪圖說明可以採用那些方式進行補強。（25 分）

參考題解

【 參考九華講義–構造與施工 第 11 章 鋼筋混凝土破壞及補強 】

柱構件補強方式：

補強方法	內容	補強效益
增加翼牆補強	建築物強度不足，於結構柱兩側增加鋼性牆體（剪力牆）改善，應注意開口、開窗等問題，補強構件與主結構之配合，避免構件變形或二次應力造成破壞，並注意使用需求，局部保留開口部。 翼牆補強	增加構架之鋼性（勁度）
擴柱補強	將結構柱斷面尺寸擴大，配置鋼筋後澆置混凝土。此法應注意貫穿樓板部施工較為複雜、頂部接合處二次施工澆置等問題。 擴柱補強	增加構架之鋼性（勁度）及韌性均勻化。
包覆補強（鋼板、帶板、碳纖維網）	將結構柱以補強材料包覆，如鋼板、帶板、碳纖維網等。應注意包覆構材與原結構間應密合，包覆構材固定方式及保護。 鋼板、RC 補強　　碳纖維補強　　鋼條補強	增加構架之韌性。

公務人員高等考試三級考試試題／建築設計

一、設計題目：創新產業研發推廣展示中心設計（100 分）

二、設計概述：永續環境水與綠的建設是當前政府重要發展政策，國內某地方政府產業發展機構，希望藉由興建一棟研發推廣展示中心，除了落實綠建築相關指標手法，同時帶動當地創新產業技術研發展售推廣。以兼顧當地產業發展與綠建築前提，創造永續綠建築環境與研發展示建築場域為目標。

三、基地說明：本基地為臺灣南部某都市計畫劃定之機關用地，基地範圍約 60 公尺×60 公尺，環境如圖所示，基地建蔽率 50%，容積率 150%。基地位置年平均氣溫約 26℃上下，年降雨量豐沛約 1700 mm 以上，年降雨天數約 80 天，日照條件佳年平均日照率 60%以上，相對濕度偏高。夏季期長，以東南及西南季風為主，偏高溫濕熱氣候環境，冬季期短，東北季風強烈且寒冷多雨，建物開口遮陽宜謹慎規劃。

四、空間與機能基本需求：根據規劃構想，建築總樓地板面積以不超過 2500 平方公尺為原則，空間需求項目必須大致符合，空間量及面積比例則可自行斟酌規劃，設計者必須約略估算並標示設計提案之大約總樓地板面積，空間量之合理性將納入評量。

　　（一）展示空間（約 400 平方公尺）：以當地產業相關發展資訊及技術研發成果展示為主，需考慮合理之動線安排及適切之展示空間機能。

　　（二）簡報室或推廣學習教室 2 間：可容納 80-100 人之中型研討會議空間。

　　（三）小型會議室或研討室 3 間：可容納 20-30 人，提供內部工作會議或小型研討活動之使用。

　　（四）訪客休憩或自由交流空間：可規劃輕食區、兒童遊戲場或咖啡座，提供訪客參觀或參加活動後休憩及自由交流之場所。

　　（五）辦公行政管理空間：行政管理人員約 6 人。

　　（六）研究室：常駐研究人員及交換學者 5 位，臨時研究工作人員 5～8 位。

　　（七）其他創意空間與必要之設備空間：依規劃構想與題旨要求有關之空間，只要有助於地方產業發展推廣展示，具明確有說服力之構想，均可自行斟酌納入規劃。

五、建築計畫與建築設計重點：

（一）建築計畫部分應依題旨，透過建築專業的整體計畫構想，利用目前基地環境特色，提出整體環境規劃設計之具體構想提案，並兼顧創新產業研發與綠建築推廣展示任務的目標，研提建築規劃設計準則及設計構想策略，具體說明與評估規劃設計方案達成之目標與解決之問題。建築計畫內容必須包括整體環境構想、內外空間計畫與動線組織、基地環境、法規、環境控制與構造系統分析檢討等。

（二）建築設計部分必須完整規劃設計研發推廣展示中心，功能除了提供外來訪客瞭解地方產業發展相關資訊外，也要提供一個當地創新產業技術研發場所。建築設計必須落實永續綠建築之理念，盡量規劃自然通風、自然採光設計手法與節水省電構想，以減少日後建築營運維護之能源、資源費用。

（三）建築設計內容須包括共同設備、公共廁所、動線、停車、裝卸等必要服務設施，汽機車停車場規劃，依法規要求設置。步道、樓梯、坡道、電梯等動線設施須符合無障礙環境需求。

六、建築設計方案圖說要求：

（一）建築計畫書部分請以精簡文字論述及概念圖補助說明建議方案與執行策略，具體表達規劃構想與建築計畫整體內容，論述說明文字不宜冗長，概念圖說亦以具體精要為宜。

（二）建築設計部分。

1. 全區配置圖（含景觀、植栽、動線、戶外活動空間構想之明確表達，比例尺為二百分之一）

2. 建築主要平面圖、立面圖及剖面圖（比例尺為二百分之一）。

3. 設計構想、綠建築具體措施、構造方式及未來施工計畫以簡圖重點說明。

4. 透視圖（重要空間構想或建築特別造型意匠三度空間呈現）

七、基地圖：

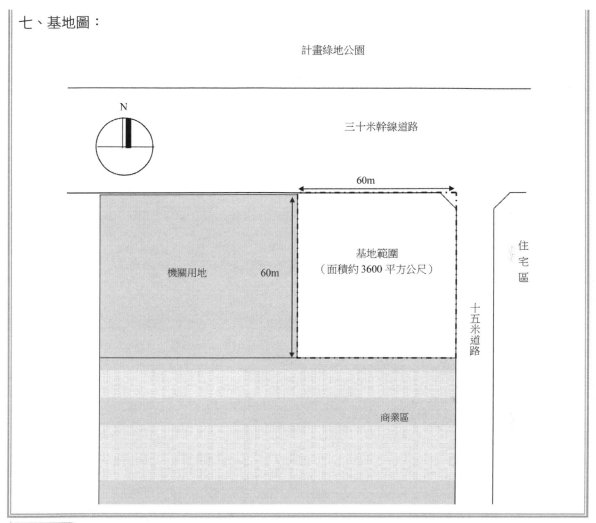

參考題解

請參見附件一 A、附件一 B、附件一 C。

111年 公務人員高等考試三級考試試題／營建法規與實務

一、請說明在現行建築法管理體制下，有關未領有建造執照即擅自建造，及已領有建造執照未按圖施工，兩者在主管建築機關的執法內容及各行為人之權責，有何差異？（25分）

參考題解

現行建築法管理體制下，有關未領有建造執照即擅自建造，及已領有建造執照未按圖施工均屬違章建築，光規定如下：（違章建築處理辦法、營建署）

（一）違章建築：為建築法適用地區內，依法應申請當地主管建築機關之審查許可並發給執照方能建築，而擅自建築之建築物。

（二）實質違章建築：建築物擅自建造經主管建築機關勘查認定其建築基地及建築物不符有關建築法令規定，構成拆除要件者必須拆除者。

　　1. 當建築物已達到基地容許興建的建蔽率、容積率與高度時，任何加蓋的建築均屬違建。

　　2. 違反土地使用分區容許的使用用途。

　　3. 在不得興建建築物的土地上興建。

（三）程序違章建築：建築物擅自建造經主管建築機關勘查認定其建築基地及建築物符合有關建築法令規定，尚未構成拆除要件者、或已開工而未申報開工或施工中各階段未依規定申報勘驗之建築物。得依相關規定補照。

　　1. 建築物的位置、高度、結構與建蔽率，皆不違反當地都市計劃的建築法令規定，且獲得土地使用權，只是因為程序疏失，未請領建照即擅自興工，這類程序違建可依法補辦執照並繳交相關稅款，成為合法的建物。

擅自建造者	處以建築物造價千分之五十以下罰鍰，並勒令停工補辦手續；必要時得強制拆除其建築物。	建築法-86
未按圖施工、未辦理變更設計、建造執照遺失未補辦、未申報建築期限展期、未申報開工展延、未辦理變更申報、未申報勘驗（有建照）	處其起造人或承造人或監造人新台幣九千元以下罰鍰，並勒令補辦手續；必要時，並得勒令停工	建築法-87

二、試述依建築法及其相關規定，對於雖已授權得由直轄市、縣（市）政府依據地方情形自行訂定，但仍必須報經內政部核定後方能實施的項目內容有那些？（25 分）

參考題解

授權得由直轄市、縣（市）政府依據地方情形自行訂定，但仍必須報經內政部核定後方能實施：（建築法 46、101）

（一）有關畸零地處裡（建築法 44～45），直轄市、縣（市）主管建築機關應依照前二條規定，並視當地實際情形，訂定畸零地使用規則，報經內政部核定後發布實施。

（二）直轄市、縣（市）政府得依據地方情形，分別訂定建築管理規則，報經內政部核定後實施。

三、請依據建築法第 77 條之 1 及其相關規定，試述你對於原有合法建築物改善制度的了解，包括立法意旨、修正沿革、重要程度、主要內容、管制方式……等。（25 分）

參考題解

（一）為維護公共安全，供公眾使用或經中央主管建築機關認有必要之非供公眾使用之原有合法建築物，其構造、防火避難設施及消防設備不符現行規定者，應視其實際情形，令其改善或改變其他用途；其申請改善程序、項目、內容及方式等事項之辦法，由中央主管建築機關定之。（建築法-77-1）

（二）原有合法建築物防火避難設施及消防設備改善辦法

1. 立法意旨：（改善辦法-2）

原有合法建築物防火避難設施或消防設備不符現行規定者，其建築物所有權人或使用人應依該管主管建築機關視其實際情形令其改善項目之改善期限辦理改善，於改善完竣後併同本法第七十七條第三項之規定申報。

2. 修正沿革：

內政部 84.2.15 台內營字第 8472154 號令發布

內政部 87.1.2 台內營字第 8690173 號令修正

內政部 88.6.29 台內營字第 8873686 號令修正

內政部 92.2.18 台內營字第 0920084687 號令修正第六條條文

內政部 96.5.16 台內營字第 0960802764 號令修正「舊有建築物防火避難設施及消防設備改善辦法」為「原有合法建築物防火避難設施及消防設備改善辦法」，並修正全文

內政部 101.4.10 台內營字第 1010802369 號令修正第十五條、第二十二條、第二十二條之一條文及第二條附表

內政部 109.4.8 台內營字第 1090805449 號令修正第二條附表二

3. 重要程度：（內政部新聞稿 111-04-26）

現行「建築法」第 77 條之 1，僅規範供公眾使用等合法建築物的「防火避難設施」及「消防設備」不符現行規定者，政府可視情形令其改善或改變其他用途，但卻未對辦理耐震能力評估檢查不合格者，加以規範。

本次修法新增「構造」安全為改善範圍後，未來公共安全檢查耐震評估應申報的對象，如經地方政府公告為應改善者，其申報應符合內政部原有合法建築物改善辦法配套檢討的耐震改善標準，未符合標準且經限期改善，屆期仍不改善者，地方主管建築機關可處 6 萬至 30 萬元罰鍰。

「建築法」第 77 條之 1 修正公布施行後，將於 6 個月內完成「原有合法建築物防火避難設施及消防設備改善辦法」及「建築物耐震設計規範及解說」等配套子法之修正，至於改善對象則由地方主管建築機關按分期、分區、規模等條件陸續公告，再依據建築物公共安全申報制度逐步擴大實施。

4. 主要內容：依下列法令管理

「建築物公共安全檢查簽證及申報辦法」

「原有合法建築物防火避難設施及消防設備改善辦法」

「建築物耐震設計規範及解說」

5. 管制方式：（改善辦法-5~25）

（1）樓層面積區劃

（2）特定用途空間區劃

（3）垂直區劃如挑空部分，管道間等

（4）層間區劃

（5）高層建築物區劃

（6）防火門窗

（7）避難層之出入口

（8）室內通路構造及淨寬

（9）直通樓梯之設置及步行距離

（10）其他如安全梯等

四、政府對於已劃定範圍並公告之活動斷層線（帶）通過實施都市計畫地區、實施區域計畫地區及行政院核定公告之山坡地範圍，各有何建築管理作為？（25 分）

參考題解

活動斷層線通過地區之管制：（區管辦法-4-1、5）

（一）不得興建公有建築物。

（二）依非都市土地使用管制規則規定得為建築使用之土地：

1. 建築物高度不得超過二層樓、簷高不得超過七公尺。

2. 限作自用農舍或自用住宅使用。

（三）於各種用地內申請建築自用農舍：

1. 建築物高度不得超過二層樓、簷高不得超過七公尺。

2. 其他規定：

（1）總樓地板面積：不得超過四百九十五平方公尺。

（2）建築面積：不得超過其耕地面積百分之十。

（3）最大基層建築面積：不得超過三百三十平方公尺。

公務人員普考

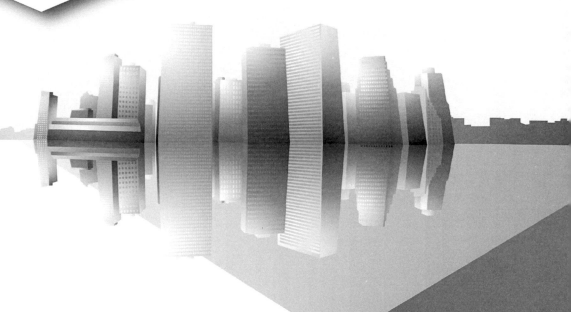

**111**年 公務人員普通考試試題／營建法規概要

一、請依中央法規標準法、行政程序法、政府採購法及綠建築標章等規定，請說明下列問題：

（一）法律之廢止程序。（5分）

（二）行政機關行使裁量權之原則。（5分）

（三）政府辦理工程公開招標，得如何分段開標？（10分）

（四）列舉綠建築標章種類3種。（5分）

參考題解

（一）法規有左列情形之一者，廢止之：（中央法規-21）

1. 機關裁併，有關法規無保留之必要者。

2. 法規規定之事項已執行完畢，或因情勢變遷，無繼續施行之必要者。

3. 法規因有關法規之廢止或修正致失其依據，而無單獨施行之必要者。

4. 同一事項已定有新法規，並公布或發布施行者。

（二）行政機關行使裁量權之原則：（臺北高等行政法院 109 年訴字第 1432 號判決、臺北高等行政法院 106 年度訴字第 312 號判決）

1. 行政裁量，係法律許可行政機關行使職權時，得為之自由判斷，但裁量並非完全放任，行政機關行使裁量權，不得逾越法定之裁量範圍，並應符合法規授權之目的（行政程序法第 10 條），在學說上稱此為「合義務性裁量」。

2. 行政機關行使裁量權限，如逾越法定之裁量範圍及不符合法規授權之目的，則分屬逾越權限及濫用權力之情事。行政機關行使裁量權，如違反誠信原則、平等原則、比例原則及信賴保護等一般法律原則，係屬裁量濫用權力，構成裁量瑕疵，並應受司法審查。

（三）分段開標：（採購法細則-44）

1. 機關依本法第四十二條第一項辦理分段開標，得規定資格、規格及價格分段投標分段開標或一次投標分段開標。但僅就資格投標者，以選擇性招標為限。

2. 前項分段開標之順序，得依資格、規格、價格之順序開標，或將資格與規格或規格與價格合併開標。

3. 機關辦理分段投標，未通過前一階段審標之投標廠商，不得參加後續階段之投標；辦理一次投標分段開標，其已投標未開標之部分，原封發還。

4. 分段投標之第一階段投標廠商家數已達本法第四十八條第一項三家以上合格廠商投標之規定者，後續階段之開標，得不受該廠商家數之限制。

5. 採一次投標分段開標者，廠商應將各段開標用之投標文件分別密封。

（四）1. 綠建築定義：

生態、節能、減廢、健康的建築物。

2. 綠建築標章九大指標（EEWH 系統）：

（1）生態（Ecology）指標

①生物多樣性指標。

②綠化量指標。

③基地保水指標

（2）節能指標（EnergySaving）

①日常節能指標。

（3）減廢指標（WasteRedution）

①CO_2 減量指標。

②廢棄物減量。

（4）健康（Healthy）

①室內環境指標。

②水資源指標。

③污水及垃圾指標。

（申請綠建築標章或候選綠建築證書，至少須通過四項指標，其中「日常節能」及「水資源」兩項指標為必須通過之指標。）

二、請依都市計畫法說明那些地方應擬訂市鎮計畫？並說明何謂主要計畫與細部計畫及其在實施都市計畫的功能？（25 分）

參考題解

（一）應擬定市（鎮）計畫之地方：（都計-10）

1. 首都、直轄市。

2. 省會、市。

3. 縣政府所在地及縣轄市。

4. 鎮。

5. 其他經內政部或縣（市）政府指定應依本法擬定市（鎮）計畫之地區。

（二）主要計畫：（都計-7、15）

市鎮計畫應先擬定主要計畫書係指依下列內容所定之主要計畫書及主要計畫圖，作為擬定細部計畫之準則：

1. 當地自然、社會及經濟狀況之調查與分析。

2. 行政區域及計畫地區範圍。

3. 人口之成長、分布、組成、計畫年期內人口與經濟發展之推計。

4. 住宅、商業、工業及其他土地使用之配置。

5. 名勝、古蹟及具有紀念性或藝術價值應予保存之建築。

6. 主要道路及其他公眾運輸系統。

7. 主要上下水道系統。

8. 學校用地、大型公園、批發市場及供作全部計畫地區範圍使用之公共設施用地。

9. 實施進度及經費。

10. 其他應加表明之事項。

（※ 前項主要計畫書，除用文字、圖表說明外，應附主要計畫圖，其比例尺不得小於一萬分之一；其實施進度以五年為一期，最長不得超過二十五年。）

（三）細部計畫：（都計-7、22）

係指依下列內容所為之細部計畫書及細部計畫圖，作為實施都市計畫之依據：

1. 計畫地區範圍。

2. 居住密度及容納人口。

3. 土地使用分區管制。

4. 事業及財務計畫。

5. 道路系統。

6. 地區性之公共設施用地。

7. 其他。

（※細部計畫圖比例尺不得小於一千二百分之一。）

三、某建設公司擬自辦都市更新，興建一棟 15 層之辦公大樓，請依都市更新建築容積獎勵辦法及建築法規定，說明若取得黃金級綠建築候選證書可得到之容積獎勵，並說明該公司申請建造執照及使用執照應備具之文件。（25 分）

參考題解

（一）綠建築獎勵：（都更獎-10）

建築基地及建築物採內政部綠建築評估系統，取得候選證書及通過分級評估，依下列等級給予獎勵容積：

1. 鑽石級：基準容積百分之十。

2. 黃金級：基準容積百分之八。

3. 銀級：基準容積百分之六。

4. 銅級：基準容積百分之四。

5. 合格級：基準容積百分之二。

前項各款獎勵容積額度不得累計申請。

第一項第四款及第五款規定，僅限依本條例第七條第一項第三款規定實施之都市更新事業且面積未達五百平方公尺者，始有適用。

第一項綠建築等級，於依都市計畫法第八十五條所定都市計畫法施行細則另有最低等級規定者，申請等級應高於該規定，始得依前三項規定給予獎勵容積。

（二）綠建築標章：（綠建築認可要點-2）

指已取得使用執照之建築物、經直轄市、縣（市）政府認定之合法房屋、已完工之特種建築物或社區，經本部認可符合綠建築評估指標所取得之標章。

（三）候選綠建築證書：（綠建築認可要點-2）

指取得建造執照之建築物、尚在施工階段之特種建築物、原有合法建築物或社區，經本部認可符合綠建築評估指標所取得之證書。

（四）起造人申請建造執照或雜項執照時，應備具（建築法-30、31、32）

1. 申請書：（應載明下列事項）

（1）起造人之姓名、年齡、住址。起造人為法人者，其名稱及事務所。

（2）設計人之姓名、住址、所領證書字號及簽章。

（3）建築地址。

（4）基地面積、建築面積、基地面積與建築面積之百分比。

（5）建築物用途。

（6）工程概算。

（7）建築期限。

2. 土地權利證明文件：

（1）土地登記簿謄本。

（2）地籍圖謄本。

（3）土地使用同意書（限土地非自有者）。

3. 工程圖樣及說明書：

（1）基地位置圖。

（2）地盤圖，其比例尺不得小於一千二百分之一。

（3）建築物之平面、立面、剖面圖，其比例尺不得小於二百分之一。

（4）建築物各部之尺寸構造及材料，其比例尺不得小於三十分之一。

（5）直轄市、縣（市）主管建築機關規定之必要結構計算書。

（6）直轄市、縣（市）主管建築機關規定之必要建築物設備圖說及設備計算書。

（7）新舊溝渠與出水方向。

（8）施工說明書。

（五）使用執照之申請：（建築法-70、71；北建管自治條例-13）

1. 建築工程完竣後，應由起造人會同承造人及監造人申請使用執照。直轄市、縣（市）（局）主管建築機關應自接到申請之日起，十日內派員查驗完竣。合格者，發給使用執照，並得核發謄本；不合格者，一次通知其修改後，再報請查驗。但供公眾使用建築物之查驗期限，得展延為二十日。（※建築物無承造人或監造人，或承造人、監造人無正當理由，經建築爭議事件評審委員會評審後而拒不會同或無法會同者，由起造人單獨申請之。）

2. 審核項目：

（1）主要構造。

（2）室內隔間。

（3）建築物主要設備：

指下列應配合建築構造工程同時施作完成具備系統機能之各項設備：

①消防設備。

②昇降設備。

③防空避難設備。

④污水設備。

⑤避雷設備。

⑥附設停車空間設備。

　　（4）消防審查。（※供公眾使用之建築物，申請使用執照時，直轄市、縣（市）（局）
　　　　主管建築機關應會同消防主管機關檢查其消防設備，合格後方得發給使用執
　　　　照。）

（六）應備文件：
　　1. 原領之建造執照或雜項執照。
　　2. 建築物竣工平面圖及立面圖。
　　（※建築物與核定工程圖樣完全相符者，免附竣工平面圖及立面圖。）

四、請依建築技術規則規定說明訂定建築技術規則之法律授權依據，並說明建築技術規則
　　之適用範圍。（25分）

參考題解

（一）法律授權依據：（技則 I-1）
　　本規則依建築法（以下簡稱本法）第九十七條規定訂之。

（二）適用範圍：（技則 I-2）
　　本規則之適用範圍，依本法第三條規定。但未實施都市計畫地區之供公眾使用與公有
　　建築物，實施區域計畫地區及本法第一百條規定之建築物，中央主管建築機關另有規
　　定者，從其規定。

一、我國資通訊科技發達，國內也已推行智慧建築標章之制度，試說明建築物欲獲取智慧建築標章，須符合那些條件？（25 分）

參考題解

【 參考九華講義-構造與施工 第一單元 概論、財團法人台灣建築中心網站-智慧建築標章 】

建築物欲獲取智慧建築標章須符合條件：

指標	內容
1. 綜合佈線指標	綜合佈線是一種提供通信傳輸、網絡連結，建構智慧服務的基礎設施，其目的在提供智慧建築得以綜合其結構、系統、服務與營運管理，運行最佳化之組合，達成高效率、高功能與高舒適性的居住功效，同時滿足使用者的舒適性、操作者的方便性、設備的節能性、管理的永續性與資訊化的服務性。建築物之智慧化，首要在建置各種資訊、通信、控制與感知系統，提供現代生活的高速連網、語音數據、資訊擷取、影音娛樂、監控管理與便利居家等服務，而系統之連結與整合，則須倚賴綜合佈線有效之規劃建置與管理。
2. 資訊通信指標	智慧建築所需之資訊及通信系統應能對於建築物內外所須傳輸的訊息（包含語音、文字、圖形、影像或視訊等），具有傳輸、儲存、整理、運用等功能；由於科技發展快速，資訊及通信之傳輸速度也在不斷的提高，所需傳送的資訊量也不斷的增加，因此，智慧建築之資訊及通信系統應能提供建築物所有者及使用者最快速及最有效率的資訊及通信服務，以期能確實提高建築物及其使用者的競爭力；相關資訊及通信系統機能的規劃、設計、建置與維運，必須確保系統的可靠性、安全性，使用的方便性及未來的擴充性，並充分應用先進的技術來實現。
3. 系統整合指標	隨著現代化科技的進步與人們的需求，各種應用建構在建築物上的自動化服務系統不斷的創新與發展，種類繁多複雜，如空調監控系統、電力監控系統、照明監控系統、門禁控制、對講系統、消防警報系統、安全警報系統、停車場管理系統等等，但因這些不同的應用服務子系統，常出自不同的製造商或系統商，使得系統設備間無法資源共享，彼此間的訊息也無法相互溝通與綜合協調運用，而限制了建築物整體服務管理的成效，也阻礙了建築物未來的永續發展。 因此，「系統整合指標」是基於建築的永續營運管理與發展來訂定的，其目的是做為評定在建築物內各項自動化服務系統在系統整合上之作為、成

指標	內容
	效與效益,也能藉此讓建築業主與管理者可以了解,對於建築物各項智慧化系統在規劃導入之時,在系統整合上應考量與注意的重點與方向,期能達到提高整體管理的效率與綜合服務的能力,降低建築物的營運成本,且能發揮在建築物內發生突發事件之控制與處理能力,將災害損失減少到最低限度。
4. 設施管理指標	智慧型建築之效益係透過自動化之裝置與系統達到節省能源、節約人力與提高知性生產力之目的。其所可能涵蓋之系統設施將包括資訊通信、防災保全、環境控制、電源設備、建築設備監控、系統整合及綜合佈線與設施管理等系統之整合連動。即運用高科技把有限資源及建築空間進行綜合開發利用,以提供舒適、安全、便捷之使用環境,並有效地節省建築費用、保護環境及降低資源消耗。所以需有良好的設施管理才能確保各系統的正常運轉並發揮其智慧化的成效。設施管理系統之設計除須滿足現有相關法規之要求外,確保系統的可靠性、安全性、使用方便性及充分應用先進技術來設計為目標,以使建築物保持良好智慧化之狀態。
5. 安全防災指標	安全防災指標是於評估建築物透過自動化系統,分別從「偵知顯示與通報性能」、「侷限與排除性能」、「避難引導與緊急救援」三個層面下,對於可能危害建築物或威脅使用者人身安全之災害,達到事先防範、防止其擴大與能順利避難之智慧化性能指標。因此,安全防災主要目標(Goals)是以保命護財為核心,以更有效且符合人性化與生活化設計為方向,提供使用者一安全無虞之使用及生活環境;其執行目標(Objectives)則並不是漫無止盡的投資與增設系統,而是於現階段科技發展下,思考以合法規設之安全相關設備如何以可行、有效之方式,產生適當的連動順序,進而達到設備減量與系統整合,以及主動性防災智慧化程度。
6. 節能管理指標	以往建築設備的發展,主要是提高建築的經濟性與便利性,但隨著社會的富裕,對舒適性的要求逐漸增加。然而為了維持建築環境的舒適,建築設備消耗掉大量的能源,在地球環境意識抬頭的今日,考慮各項節能之技術已漸成為建築設備重要的課題。 本指標以「節能效益」與「能源管理」等面向為評估內容,主要評估智慧型建築物設備系統之節能效益,以各類建築物用電之空調、照明、動力設備等為主,評估空調、照明、動力設備等設備系統是否採用高效率設備,是否具有空調、照明、動力設備之節能技術,是否具有再生能源設備等,再配合評估是否具有能源監控管理功能。

指標	內容
7. 健康舒適指標	「健康舒適」指標區分成「空間環境」、「視環境」、「溫熱環境」、「空氣環境」、「水環境」與「健康照護管理系統」等六大項目。所謂「空間環境」指標乃是指建築物室內空間具有開放性與彈性，可提供高效率與便利的工作環境，以保持室內空間的便利性與舒適性。「視環境」指標乃是指建築物室內採光環境與照明環境間所形成之室內綜合視覺環境舒適性的指標。「溫熱環境」指標乃是指建築物室內溫濕環境與空調環境間之舒適性處理對策的指標。「空氣環境」指標乃是指建築物室內空氣清淨與空氣品質控制之處理對策與健康性的指標。「水環境」指標乃是指建築物室內生飲水系統水質處理對策的指標。「健康照護管理系統」指標乃指藉由醫療支援服務提供共用空間與專用空間中醫療資訊服務與醫療服務之健康環境。
8. 智慧創新指標	智慧建築的精神係強調使用者需求，鼓勵業者、建築師、相關技師依使用者或現況需求提出其他創新技術做法，以推動智慧化創新加值服務，促成產業間的異業合作。 鼓勵項目內容：智慧建築標準符號及創新服務系。

二、試繪圖及說明鋼筋拼接有那些作法及各作法須注意那些事項？（25 分）

參考題解

【 參考九華講義－構造與施工 第 8 章 鋼筋 】

鋼筋拼接作法及各作法須注意事項：

鋼筋拼接作法		注意事項
1	搭接	鋼筋搭接（疊接），須注意 D25 以上之鋼筋斷面配置較多鋼筋時，應採用其他方式拼接。依鋼筋混凝土規範，大於 D36 之鋼筋不得搭接。
2	瓦斯壓接	瓦斯壓接步驟：鋼筋接合面磨平處理並清潔，以油壓機施加壓力令兩端密合，接合部以火焰加熱，持續加熱並加壓至接合部黏結而成球狀。接合時應注意火焰與鋼筋保持 10~15mm，不得急速冷卻，因此強風、下雨、下雪等氣候不得施作。另因注意鋼筋偏心 1/10 鋼筋直徑以下。
3	銲接	鋼筋接合面兩端利用電弧融熔高溫，並施以壓力將鋼筋接合。

	鋼筋拼接作法	注意事項	
4	續接器	以冷軋鍛造或銲接方式將欲拼接鋼筋兩端接合續接器公、母頭,以拼接鋼筋。應注意相鄰鋼筋續接應錯位,接續後與母材性質之等級選擇。	

三、試分別繪圖說明何謂「地基隆起」及「砂湧現象」,並說明可用那些方法來加以避免。（25分）

參考題解

【參考九華講義–構造與施工 第 3 章 基礎概論】

地基隆起及砂湧現象說明

	地基隆起	砂湧
成因說明	地質條件在開挖面為黏土質或沉泥地層,切開挖面內外具有水壓差,此時開挖面向上之壓力大於向下,不透水之黏土質或沉泥地層發生隆起現象。	地質條件常為砂質地層,切開挖面內外具有水壓差,擋土壁形式應為具有止水性之擋土壁。因內外靜止水壓力差,地下水夾帶泥砂於開挖面言擋土壁四周湧出。該砂湧現象多出現於擋土壁周圍約 1/2 貫入深度附近。
避免及改善方法	加大擋土壁之貫入深度,應降低外部地下水位,減低水壓差。	應降低外部地下水位,減低水壓差。擋土壁四周已回填方式處理。

四、地下基礎可分為淺基礎與深基礎,試繪圖及說明深基礎有那些種類?（25分）

參考題解

【參考九華講義–構造與施工 第 5 章 基礎型式及種類】

深基礎之種類說明：

深基礎	利用基礎構造將建築物各種載重間接傳遞至較深地層中。適用上部結構載重較大或地盤承載力軟弱者，常用種類如下：	
形式	圖例	說明
樁基礎	點支承　摩擦樁	基樁之支承力因施工方式而異，採用打擊方式將基樁埋置於地層中者，稱為打入式基樁；採用鑽掘機具依設計孔徑鑽掘樁孔至預定深度後，吊放鋼筋籠，安裝特密管，澆置混凝土至設計高程而成者，稱為鑽掘式基樁；採用螺旋鑽在地層中鑽挖與樁內徑或外徑略同之樁孔，再將預製之鋼樁、預力混凝土樁或預鑄鋼筋混凝土樁以插入、壓入或輕敲打入樁孔中而成者，稱為植入樁。 基樁於垂直極限載重作用下，樁頂載重全部或絕大部份由樁表面與土壤之摩擦阻力所承受者，稱為摩擦樁；由樁底支承壓力承受全部或絕大部份載重者，稱為點承樁。樁身摩擦力通常在變位量達 0.5~1%樁徑時，即已達極限摩擦力，而樁端土壤極限支承力若欲完全發揮，其變位量一般則需達 10%樁徑以上。
沉箱（墩基礎）		沉箱基礎係以機械或人工方式分段挖掘地層，以預鑄或場鑄構件逐段構築之深基礎，其分段構築之預鑄或場鑄構件，可於孔內形成，亦可於地上完成後以沉入方式施工。沉箱基礎之設計，除應考慮上部構造物所傳遞之垂直載重、側向載重及傾覆力矩外，尚應考慮沉箱本身之重量與施工中之各項作用力，並檢核其安全性。
筏式基礎		將建築物全部（或主要）柱藉由地樑等構造皆座落於一大型基版，藉以分散載重，增加地盤耐受能力。基版與頂版間留有空間（筏基基坑），可做回填、消防或雨水回收池、汙水池等，為筏式基礎一大特點。

111 公務人員普通考試試題／建築圖學概要

一、基隆某公園要建造休憩用小亭子，亭中擺設單柱圓形石桌及五張鼓狀大理石座椅。結構與基礎採鋼筋混泥土，四根柱子支撐輕鋼架構造之雙斜屋頂。柱心距離為 3 公尺，地面須抬高 25 公分並舖設水泥。請根據這個需求提出合理建議，進行分析、設計並繪製圖面。（100 分）

（一）說明與分析，並附必要之圖示

    1. 相關法規、2. 構造與結構、3. 光線，隔熱與降雨對策

（二）圖面要求

    1. 兩向立面，屋頂平面，剖面圖（必須含基礎）1：10

    2. 屋頂與柱面銜接細部圖（須標材質與尺寸）1：5

    3. 單一消點透視

參考題解

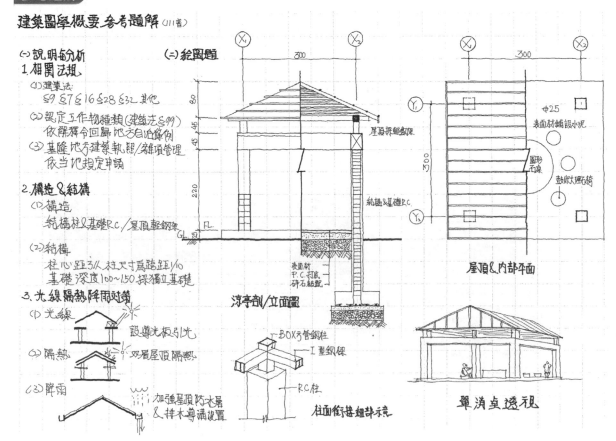

![111年 公務人員普通考試試題／工程力學概要]

一、左右對稱的箱型梁斷面，若斷面積的形心位置在 x' 軸與 y' 軸的交點 O，如圖所示。試求箱型梁的形心位置 $\bar{y}$ 和斷面積對 x' 軸的慣性矩。（25 分）

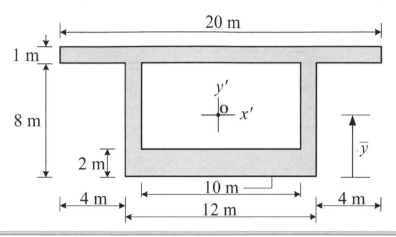

參考題解

（一）計算形心位置 $\bar{y}$

$$\bar{y} = \frac{10 \times 2 \times 1 + 1 \times 8 \times 2 \times 4 + 1 \times 20 \times 8.5}{10 \times 2 + 1 \times 8 \times 2 + 1 \times 20} = 4.536 \text{ m}$$

（二）計算斷面積對 x' 軸的慣性矩 $I_{x'}$

$$I_{x'} = \frac{1}{3} \times 20 \times (9 - 4.536)^3 - \frac{1}{3} \times 18 \times (9 - 4.536 - 1)^3 + \frac{1}{3} \times 12 \times 4.536^3$$

$$- \frac{1}{3} \times 10 \times (4.536 - 2)^3 = 662.595 \text{ m}^4$$

二、桁架承受載重如圖所示，試求支承 A 的反力及桿件 BC、BD、AB、AD 所承受的力。
（25 分）

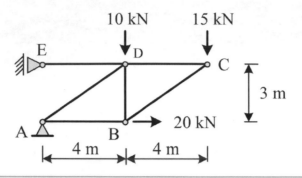

參考題解

令彎矩順時針為正、水平力向右為正、垂直力向上為正、桿件內力拉力為正

（一）整體力平衡

1. $\sum M_A = 0$ ， $10 \times 4 + 15 \times 8 + R_E \times 3 = 0$ $\therefore R_E = -53.33 kN$

2. $\sum F_x = 0$ ， $20 + \cancel{R_E}^{-53.33} + A_x = 0$ $\therefore A_x = 33.33 kN$

3. $\sum F_y = 0$ ， $-10 - 15 + A_y = 0$ $\therefore A_y = 25 kN$

（二）C 節點水平力平衡

$$\sum F_y = 0 \text{ , } -\frac{3}{5} S_{BC} - 15 = 0 \therefore S_{BC} = -25 kN$$

（三）B 節點垂直力平衡

$$\sum F_y = 0 \text{ , } S_{BD} - \frac{3}{5} \times \cancel{S_{BC}}^{-25} = 0 \therefore S_{BD} = 15 \ kN$$

（四）A 節點力平衡

$$\sum F_y = 0 \text{ ,} 25 + \frac{3}{5} S_{AD} = 0 \therefore S_{AD} = -41.67 \ kN$$

$$\sum F_x = 0 \text{ ,} \cancel{A_x}^{33.33} + S_{AB} + \frac{4}{5} \cancel{S}_{AD}^{-41.67} = 0 \therefore S_{AB} = 0 \ kN$$

三、梁長 10m，材料剛度 EI 為常數，在支承 A 為樞接，支承 C 為滾接，承受集中載重及
均佈載重如圖所示。試求距離左支承（A 支承）x 處的剪力 V（x）和彎矩 M（x）的函
數，繪製梁的剪力圖和彎矩圖，並標示此梁之零彎矩的位置。（30 分）

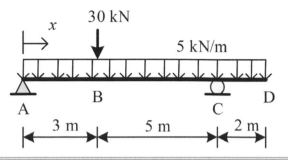

參考題解

（一）整體力平衡

1. $\sum M_A = 0$, $30 \times 3 + 5 \times 10 \times 5 - R_c \times 8 = 0$ $\therefore R_c = 42.5kn$

2. $\sum F_y = 0, -30 - 5 \times 10 + R_c^{42.5} + A_y = 0$ $\therefore A_y = 37.5kn$

（二）剪力大小分段考慮

$$V_x = 37.5 - 5x(x = 0 \sim 3m)$$
$$= 7.5 - 5x(x = 3 \sim 8m)$$
$$= 50 - 5x(x = 8 \sim 10m)(kn)$$

（三）彎矩大小分段考慮，且因 dM ＝ Vdx，並帶入邊界條件

$$M_x = 37.5x - 2.5x^2 (x = 0 \sim 3m)$$
$$= 7.5x - 2.5x^2 + 90(x = 3 \sim 8m)$$
$$= 50x - 2.5x^2 - 250(x = 8 \sim 10m)(kn \cdot m)$$

（四）彎矩為零處

x = 0 m、7.684 m、10 m

（五）繪製剪力圖與彎矩圖

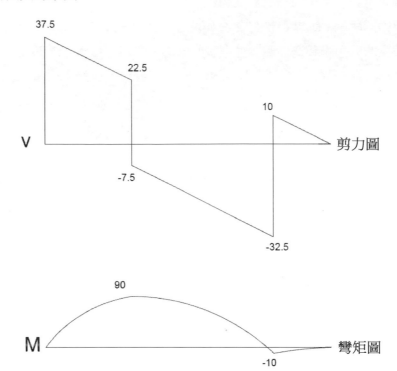

四、板為均值等向性材料，尺寸為 450×650×20 mm。

（一）若板承受雙軸平面應力 $\sigma_x = 31$ MPa 及 $\sigma_y = 17$ MPa 作用，其相對的應變為 $\varepsilon_x = 240 \times 10^{-6}$ 和 $\varepsilon_y = 85 \times 10^{-6}$，求板的彈性模數 E 及柏松比（Poisson's ratio）ν。（10 分）

（二）若板為鋼材，承受雙軸平面應力 $\sigma_x = 67$ MPa 及 $\sigma_y = -23$ MPa 作用，鋼材的彈性模數 $E = 200$ GPa，柏松比 $\nu = 0.30$，求鋼板的面內最大剪應變 γ_{max}。（10 分）

參考題解

（一）將已知條件代入廣義虎克定律

$$\varepsilon_x = \frac{\sigma_x}{E} - \nu\frac{\sigma_y}{E} - \nu\frac{\sigma_z}{E}$$

$$\varepsilon_x = -\nu\frac{\sigma_x}{E} + \frac{\sigma_y}{E} - \nu\frac{\sigma_z}{E}$$

$$\varepsilon_x^{240\times10^{-6}} = \frac{\sigma_x^{31}}{E} - \nu\frac{\sigma_y^{17}}{E} - \nu\frac{\sigma_z^{0}}{E}$$

$$\varepsilon_y^{85\times10^{-6}} = -\nu\frac{\sigma_x^{31}}{E} + \frac{\sigma_y^{17}}{E} - \nu\frac{\sigma_z^{0}}{E}$$

$\therefore \nu = 0.241, E = 112.093 \text{ Gpa}$

（二）計算最大剪應變 γ_{max}

$$R = \sqrt{(\frac{\sigma_x - \sigma_y}{2})^2 + \tau_{xy}^2}$$

$$R = \sqrt{(\frac{\sigma_x^{67} - \sigma_y^{-23}}{2})^2 + \tau_{xy}^{0\;2}} = 45 \text{ Mpa}$$

$\because \tau_{xy} = 0 \quad \therefore R = \tau_{max} = 45 \text{ Mpa}$

$\tau = G\gamma, \quad G = \dfrac{E}{2(1+\nu)} = \dfrac{200}{2(1+0.3)} = 76.9231 \text{ Gpa}$

$\gamma = \dfrac{\tau}{G} = \dfrac{45}{76.9231 \times 1000} = 0.000585$

建築師
專技高考

註：部份【解析】內容後方出現的(A)(B)(C)(D)為題目選項的對應解析。

（C）1. 依建築師法之規定，下列何者非建築師開業執行業務的必要條件？

    (A)設立建築師事務所   (B)領得開業證書

    (C)成立室內裝修公司   (D)加入該管直轄市、縣（市）建築師公會

    【解析】建築師法執行業務有關條件規定

        (A)§6 建築師開業，應設立建築師事務所執行業務，或由二個以上建築師組織聯合建築師事務所共同執行業務，並向所在地直轄市、縣（市）辦理登記開業且以全國為其執行業務之區域。

        (B)§9 建築師在未領得開業證書前，不得執行業務。

        (D)§28 建築師領得開業證書後，非加入該管直轄市、縣(市)建築師公會，不得執行業務；建築師公會對建築師之申請入會，不得拒絕。

（B）2. 依非都市土地使用管制規則規定，有關非都市土地之各種建築用地，其建蔽率及容積率，下列敘述何者正確？

    (A)丙種建築用地：建蔽率 40%；容積率 160%

    (B)甲種建築用地、乙種建築用地：建蔽率 60%；容積率 240%

    (C)交通用地、遊憩用地、殯葬用地：建蔽率 40%；容積率 140%

    (D)特定目的事業用地：建蔽率 60%；容積率 160%

    【解析】非都市土地使用管制規則§9

        下列非都市土地建蔽率及容積率不得超過下列規定。但直轄市或縣（市）政府得視實際需要酌予調降，並報請中央主管機關備查：

        一、甲種建築用地：建蔽率百分之六十。容積率百分之二百四十。(B)

        二、乙種建築用地：建蔽率百分之六十。容積率百分之二百四十。

        三、丙種建築用地：建蔽率百分之四十。容積率百分之一百二十。(A)

        四、丁種建築用地：建蔽率百分之七十。容積率百分之三百。

        五、窯業用地：建蔽率百分之六十。容積率百分之一百二十。

        六、交通用地：建蔽率百分之四十。容積率百分之一百二十。(C)

        七、遊憩用地：建蔽率百分之四十。容積率百分之一百二十。

        八、殯葬用地：建蔽率百分之四十。容積率百分之一百二十。

        九、特定目的事業用地：建蔽率百分之六十。容積率百分之一百八十。(D)

（C）3. 非都市土地申請開發達一定規模以上者，應辦理土地使用分區變更，下列敘述何者
正確？

(A)申請開發高爾夫球場之土地面積達 5 公頃以上，應變更為特定專用區

(B)申請開發遊憩設施之土地面積達 10 公頃以上，應變更為特定專用區

(C)申請設立學校之土地面積達 10 公頃以上，應變更為特定專用區

(D)申請開發社區之計畫達 50 戶或土地面積在 1 公頃以上，應變更為住宅區

【解析】非都市土地使用管制規則§11

非都市土地申請開發達下列規模者，應辦理土地使用分區變更：

一、申請開發社區之計畫達五十戶或土地面積在一公頃以上，應變更為鄉
　　村區。(D)

二、申請開發為工業使用之土地面積達十公頃以上或依產業創新條例申
　　請開發為工業使用之土地面積達五公頃以上，應變更為工業區。

三、申請開發遊憩設施之土地面積達五公頃以上，應變更為特定專用區。(B)

四、申請設立學校之土地面積達十公頃以上，應變更為特定專用區。(C)

五、申請開發高爾夫球場之土地面積達十公頃以上，應變更為特定專用區。(A)

六、申請開發公墓之土地面積達五公頃以上或其他殯葬設施之土地面積
　　達二公頃以上，應變更為特定專用區。

七、前六款以外開發之土地面積達二公頃以上，應變更為特定專用區。

（B）4. 依公寓大廈管理條例規定，公寓大廈建築物所有權登記之區分所有權人達半數以上
及其區分所有權比例合計達半數以上時，起造人最遲應於幾個月內召開區分所有權
人會議？

(A) 1　　　　　　　(B) 3　　　　　　　(C) 6　　　　　　　(D)12

【解析】公寓大廈管理條例§28

公寓大廈建築物所有權登記之區分所有權人達半數以上及其區分所有權
比例合計半數以上時，**起造人應於三個月內召集區分所有權人召開區分所
有權人會議**，成立管理委員會或推選管理負責人，並向直轄市、縣（市）
主管機關報備。

（A）5. 政府採購法中針對調解之敘述，下列何者正確？

(A)廠商得因履約爭議向採購申訴審議委員會申請調解

(B)分包商之間因履約爭議得向採購申訴審議委員會申請調解

(C)調解經當事人合意後，仍須經採購申訴審議委員會確認，方視為調解成立

(D)廠商申請調解者，機關得予拒絕

【解析】政府採購法§85-1

機關與廠商因履約爭議未能達成協議者，得以下列方式之一處理：

一、向採購申訴審議委員會申請調解。

二、向仲裁機構提付仲裁。

前項調解屬廠商申請者，機關不得拒絕。工程及技術服務採購之調解，採購申訴審議委員會應提出調解建議或調解方案；其因機關不同意致調解不成立者，廠商提付仲裁，機關不得拒絕。

採購申訴審議委員會辦理調解之程序及其效力，除本法有特別規定者外，準用民事訴訟法有關調解之規定。

履約爭議調解規則，由主管機關擬訂，報請行政院核定後發布之。

（B）6. 依工程採購契約範本規定，下列何種情形，機關不得暫停給付估驗計價款？

(A)履約有瑕疵經書面通知改正而逾期未改正者

(B)履約實際進度因不可歸責於廠商之事由，落後 10%以上

(C)廠商未履行契約應辦事項，經通知仍延不履行者

(D)廠商履約人員不適任，經通知更換仍延不辦理者

【解析】契約價金之給付條件

廠商履約有下列情形之一者，機關得暫停給付估驗計價款至情形消滅為止：

（1）履約實際進度因可歸責於廠商之事由，**落後預定進度達到（由機關於招標時載明）%以上，且經機關通知限期改善未積極改善者。**

選項(B)為錯誤，應是招標時載明，並非 10%。

（C）7. 依公共工程施工品質管理作業要點規定，公共工程施工品質管理制度中，施工圖（shopdrawing）之製作是那一個單位的責任？

(A)設計人　　　　(B)監造人　　　　(C)施工廠商　　　　(D)起造人

【解析】公共工程施工品質管理作業要點§11

（二）**施工廠商之施工計畫、品質計畫、預定進度、施工圖、施工日誌、器材樣品及其他送審案件之審核。**

（C）8. 某一新建 30 層之純集合住宅大樓依法設有 200 個停車位，依建築技術規則之規定，至少應設置幾個無障礙停車位？

(A) 1 個　　　　(B) 2 個　　　　(C) 3 個　　　　(D) 4 個

【解析】建築技術規則設計施工篇§167-6

建築物依法設有停車空間者，建築物使用類組為 H-2 組住宅或集合住宅，

其無障礙停車位數量規定

題目所述 200 個停車位，為 151~250 之間規定為 3 輛。

（B）9. 依住宅性能評估實施辦法規定，新建住宅性能評估之性能類別中，除下列那一項得單獨申請評估外，應一併申請評估？

(A)防火安全　　　　(B)結構安全　　　　(C)無障礙環境　　　　(D)節能省水

【解析】住宅性能評估實施辦法§4

§3 各款所列性能類別，新建住宅除結構安全得單獨申請外，應一併申請評估；既有住宅得由申請人視其需求選擇申請評估之，申請人為公寓大廈管理委員會者，既有住宅評估類別以結構安全、防火安全、無障礙環境、節能省水及住宅維護為優先。

（D）10.依都市危險及老舊建築物加速重建條例施行細則規定，下列何者非屬直轄市、縣（市）主管機關認定建築物興建完工日之文件？

(A)建物所有權第一次登記謄本　　　　(B)合法建築物證明文件

(C)房屋稅籍資料　　　　(D)地籍圖謄本

【解析】都市危險及老舊建築物加速重建條例施行細則§2

二、直轄市、縣（市）主管機關依下列文件之一認定建築物興建完工之日起算，至申請重建之日止：

（一）建物所有權第一次登記謄本。(A)

（二）合法建築物證明文件。(B)

（三）房屋稅籍資料、門牌編釘證明、自來水費收據或電費收據。(C)

（四）其他證明文件。

（C）11.依文化資產保存法有關營建工程或其他開發行為的規定，下列敘述何者錯誤？

(A)營建工程或其他開發行為進行中，發見具古蹟、歷史建築價值之建造物，應即停止工程或開發行為之進行，並報主管機關處理

(B)營建工程或其他開發行為，不得破壞古蹟、歷史建築、紀念建築及聚落建築群之完整，亦不得遮蓋其外貌或阻塞其觀覽之通道

(C)營建工程或其他開發行為進行中，發見具古蹟、歷史建築價值之建造物，應經建築主管機關審議通過後，始得繼續為之

(D)古蹟周邊申請營建工程或其他開發行為，辦理都市設計審議時，應會同主管機關就影響古蹟風貌保存之事項進行審查

【解析】(A)(C) 文化資產保存法§33，2.營建工程或其他開發行為進行中，發見具古蹟、歷史建築、紀念建築及聚落建築群價值之建造物時，**應即停止**

工程或開發行為之進行，並報主管機關處理。

(B) 文化資產保存法§33，1.營建工程或其他開發行為，不得破壞古蹟、歷史建築、紀念建築及聚落建築群之完整，亦不得遮蓋其外貌或阻塞其觀覽之通道。

(D)§38 古蹟定著土地之周邊公私營建工程或其他開發行為之申請，各目的事業主管機關於都市設計之審議時，應會同主管機關就公共開放空間系統配置與其綠化、建築量體配置、高度、造型、色彩及風格等影響古蹟風貌保存之事項進行審查。

（D）12.依農業用地興建農舍辦法規定，若興建 35 棟集村農舍，下列何者非屬該集村農舍應設置之公共設施？

(A)基地內通路 　　　　　　　　　(B)每戶至少 1 個停車位

(C)公園綠地，以每棟 6 平方公尺計算 　(D)社區活動中心，以每棟 10 平方公尺計算

【解析】農業用地興建農舍辦法§11，九、興建集村農舍應配合農業經營整體規劃，符合自用原則，於農舍用地設置公共設施；其應設置之公共設施如附表。

依附表規定三十棟以上未滿五十棟

一、每戶至少一個停車位。(B)

二、基地內通路。(A)

三、社區公共停車場：三十棟以上未滿四十棟時，應至少設置四個車位。四十棟以上未滿五十棟時，應至少設置五個車位。

四、公園綠地：以每棟六平方公尺計算。(C)

五、廣場：以每棟九平方公尺計算。(D)

無社區活動中心。

（C）13.依建築法規定之主管建築機關，在臺北市轄區內為臺北市政府，在陽明山國家公園範圍內為經內政部核定之陽明山國家公園管理處。當建築執照申請基地跨越臺北市轄區及陽明山國家公園範圍時，辦理方式為何？

(A)由臺北市政府全權辦理

(B)由陽明山國家公園管理處全權辦理

(C)由臺北市政府及陽明山國家公園管理處各依轄管權責審查，如涉及關聯事項有會商之必要時，以所轄範圍面積較大者為主辦機關

(D)由內政部全權辦理

【解析】臺北市政府有關都市更新法規解釋彙編

接受基地範圍有二管理機關以上者，以管理面積較大者為主政機關。

（C）14.依建築技術規則規定，為便利行動不便者進出及使用建築物，新建或增建建築物在下列那些空間需設置無障礙通路通達？

①居室出入口　②各專有部分使用單元內之廁所盥洗室　③昇降設備　④停車空間

(A)②③④　　　　(B)①②③④　　　　(C)①③④　　　　(D)①②③

【解析】建築技術規則設計施工篇§167-1

①**居室出入口**及具無障礙設施之**廁所盥洗室**、浴室、客房、③**昇降設備**、④**停車空間**及樓梯應設有無障礙通路通達。

（B）15.建築法所稱建造行為中，於原有建築物增加其面積或高度者，稱為：

(A)新建　　　　　(B)增建　　　　　(C)改建　　　　　(D)修建

【解析】建築法§9

本法所稱建造，係指左列行為：

一、新建：為新建造之建築物或將原建築物全部拆除而重行建築者。

二、**增建：於原建築物增加其面積或高度者。但以過廊與原建築物連接者，應視為新建。**

三、改建：將建築物之一部分拆除，於原建築基地範圍內改造，而不增高或擴大面積者。

四、修建：建築物之基礎、樑柱、承重牆壁、樓地板、屋架及屋頂，其中任何一種有過半之修理或變更者。

（C）16.供公眾使用建築物及經內政部認定有必要之非供公眾使用建築物，依建築物室內裝修管理辦法規定，下列敘述何者錯誤？

(A)室內裝修材料應合於建築技術規則之規定，且不得妨害或破壞防火避難設施、消防設備、防火區劃、主要構造及保護民眾隱私權設施

(B)建築物室內裝修應由經內政部登記許可之室內裝修從業者辦理，包括依法登記開業之建築師、營造業及室內裝修業

(C)室內裝修涉及建築物之分間牆位置變更、增加或減少，經審查機構認定涉及公共安全時，仍應併同由經內政部登記許可之室內裝修業署名負責施工，免再經開業建築師簽證負責

(D)內政部指定非供公眾使用建築物之集合住宅及辦公廳，除整幢建築物屬同一權利主體所有者之外，其任一戶有增設廁所或浴室者，均應依建築物室內裝修管理辦法相關規定辦理

【解析】(A)建築物室內裝修管理辦法§26

直轄市、縣（市）主管建築機關或審查機構應就下列項目加以審核：

一、申請圖說文件應齊全。

二、裝修材料及分間牆構造應符合建築技術規則之規定。

三、不得妨害或破壞防火避難設施、防火區劃及主要構造。

(B) 建築物室內裝修管理辦法§4

本辦法所稱室內裝修從業者，指開業建築師、營造業及室內裝修業。

(C) 建築物室內裝修管理辦法§25

室內裝修圖說應由開業建築師或專業設計技術人員署名負責。但**建築物之分間牆位置變更、增加或減少經審查機構認定涉及公共安全時，應經開業建築師簽證負責。**

(D) 經內政部認為有必要非供公眾使用建築物：5 層以下之集合住宅，除建築物整棟均屬同一所有者以外，其任一戶有增設廁所或浴室或增設 2 間以上之居室者，應申請室內裝修許可。

（D）17.依建築法之規定，建築物在施工中，直轄市、縣（市）（局）主管建築機關，發現有下列那一情事者，應以書面通知承造人或起造人或監造人，勒令停工或修改；必要時，得強制拆除？

(A)維護公共衛生者 　　　　　　　　(B)妨礙社會秩序者

(C)符合工程圖樣及說明書 　　　　　(D)危害公共安全者

【解析】建築法§58

建築物在施工中，直轄市、縣（市）（局）主管建築機關認有必要時，得隨時加以勘驗，發現左列情事之一者，應以書面通知承造人或起造人或監造人，勒令停工或修改；必要時，得強制拆除：

一、妨礙都市計畫者。

二、妨礙區域計畫者。

三、危害公共安全者。

四、妨礙公共交通者。

五、妨礙公共衛生者。

六、主要構造或位置或高度或面積與核定工程圖樣及說明書不符者。

七、違反本法其他規定或基於本法所發布之命令者。

（A）18.依建築法及其相關規定，對於原有合法建築物防火避難設施及消防設備的改善要求，下列敘述何者錯誤？

(A)依現行原有合法建築物防火避難設施及消防設備改善辦法之規定，僅民國 84 年該辦法發布施行日以前興建完成之建築物方有其適用

(B)應進行改善之防火避難設施及消防設備之項目與其改善期限，係由該管主管建築機關視其實際情形制定實施計畫，並發函予建築物所有權人或使用人令其辦理改善

(C)防火避難設施及消防設備於改善完竣後，應併同建築法第 77 條第 3 項公共安全檢查申報規定進行年度例行申報

(D)依個案建築物興建完成或領得建造執照時間或變更使用執照時間之不同，而有不同之改善項目、內容及方式

【解析】(A)(B)原有合法建築物防火避難設施及消防設備改善辦法§2

原有合法建築物防火避難設施或消防設備不符現行規定者，其建築物所有權人或使用人應依該管主管建築機關視其實際情形令其改善項目之改善期限辦理改善，於改善完竣後併同本法第七十七條第三項之規定申報。

附表一：防火避難設施改善項目、內容及方式

防　火　避　難　設　施　類					
類　組　別	A1				
改善方式　＼　建築物興建完成或領得建造執照時間或變更使用執照時間	63 02 16 以 前	自 63 02 17 起	至 85 04 18 止	自 85 04 19 起	至 92 12 31 止	93 01 01 以 後
改善項目					

不只民國 84 年該辦法發布施行日 以前興建完成之建築物方有其適用。

(C)原有合法建築物防火避難設施及消防設備改善辦法§3

舊有建築物屬本法第七十七條第三項規定應申報之範圍者，其所有權人或使用人對於該舊有建築物防火避難設施之改善，應併同辦理申報。

（C）19.違反建築物室內裝修規定，處建築物所有權人、使用人或室內裝修業者多少罰鍰，並限期改善或補辦，逾期仍未改善或補辦者得連續處罰？

(A)新臺幣 2 萬元以上 10 萬元以下　　(B)新臺幣 4 萬元以上 15 萬元以下

(C)新臺幣 6 萬元以上 30 萬元以下　　(D)新臺幣 8 萬元以上 45 萬元以下

【解析】建築法§95-1

1. 違反第七十七條之二第一項或第二項規定者，處建築物所有權人、使用

人或室內裝修從業者新臺幣六萬元以上三十萬元以下罰鍰，並限期改善或補辦，逾期仍未改善或補辦者得連續處罰；必要時強制拆除其室內裝修違規部分。

2. **室內裝修從業者違反第七十七條之二第三項規定者，處新臺幣六萬元以上三十萬元以下罰鍰，並得勒令其停止業務，必要時並撤銷其登記；其為公司組織者，通知該管主管機關撤銷其登記。**

3. 經依前項規定勒令停止業務，不遵從而繼續執業者，處一年以下有期徒刑、拘役或科或併科新臺幣三十萬元以下罰金；其為公司組織者，處罰其負責人及行為人。

（B）20.我國憲法保障國民合法的私有財產權利不受侵犯，但在某些情形下，建築法明定主管建築機關得依法強制拆除私有建築物且免辦理拆除執照。上述情形不包括下列何者？

(A)經直轄市、縣（市）（局）主管建築機關認定傾頹或朽壞已達危害公共安全程度必須立即拆除之建築物，通知所有人或占有人停止使用，並限期拆除而逾期未拆者，得強制拆除之

(B)經直轄市、縣（市）主管建築機關認定為本法施行前已興建完成供公眾使用之建築物而未領有使用執照者

(C)違反建築法或基於建築法所發布之命令規定，經主管建築機關通知限期拆除而逾期未拆者

(D)因地震災害致建築物發生危險已達危害公共安全程度必須立即拆除不及通知其所有人或占有人予以拆除者

【解析】(A)(C)(D)建築法§81

直轄市、縣（市）（局）主管建築機關對傾頹或朽壞而有危害公共安全之建築物，應通知所有人或占有人停止使用，並限期命所有人拆除；逾期未拆者，得強制拆除之。

(B)建築法§96

本法施行前，供公眾使用之建築物而未領有使用執照者，其所有權人應申請核發使用執照。但都市計畫範圍內非供公眾使用者，其所有權人得申請核發使用執照。

（C）21.在現行建築法管理體制下，未領有建造執照即擅自建造與已領有建造執照未按圖施工之間的差異，下列敘述何者錯誤？

（A)前者未領有建造執照即擅自建造，係違反建築法第 25 條非經發給執照不得擅自建造之規定，應依同法第 86 條處以罰鍰並勒令停工補辦手續，必要時得強制拆除其建築物

（B)後者已領有建造執照未按圖施工，係違反建築法第 39 條變更設計仍應依法申請辦理之規定，應依同法第 87 條處以罰鍰並勒令補辦手續，必要時得勒令停工

（C)後者已領有建造執照未按圖施工，亦得比照前者未領有建造執照即擅自建造情形，依同法第 86 條處以罰鍰並勒令停工補辦手續，必要時得強制拆除其建築物

（D)後者若涉及受託建築師之監造責任，可由主管建築機關按所查得之個案事實，依據建築師法追究責任

【解析】(A)建築法§86

違反第二十五條之規定者，依左列規定，分別處罰：

一、擅自建造者，處以建築物造價千分之五十以下罰鍰，並勒令停工補辦手續；必要時得強制拆除其建築物。

二、擅自使用者，處以建築物造價千分之五十以下罰鍰，並勒令停止使用補辦手續；其有第五十八條情事之一者，並得封閉其建築物，限期修改或強制拆除之。

三、擅自拆除者，處一萬元以下罰鍰，並勒令停止拆除補辦手續。

(B)(C)建築法§87

有下列情形之一者，處起造人、承造人或監造人新臺幣九千元以下罰鍰，並勒令補辦手續；必要時，並得勒令停工。

一、違反第三十九條規定，未依照核定工程圖樣及說明書施工者。

(D)建築師法§19

建築師受委託辦理建築物之設計，應負該工程設計之責任；其受委託監造者，應負監督該工程施工之責任。

（B）22.依據建築物室內裝修管理辦法之規定，建築物之分間牆位置變更，增加或減少經審查機構認定涉及公共安全時，應由下列何者簽證負責？

(A)結構技師   (B)開業建築師

(C)專業設計技術人員   (D)專業施工技術人員

【解析】建築物室內裝修管理辦法§25

室內裝修圖說應由開業建築師或專業設計技術人員署名負責。但建築物之

分間牆位置變更、增加或減少經審查機構認定涉及公共安全時，應經開業
建築師簽證負責。

（A）23.依違章建築處理辦法規定，既存違章建築之處理，下列敘述何者錯誤？

(A)既存違章建築之劃分日期由中央主管建築機關統一訂定，全國一致，以符合公平
性原則

(B)既存違章建築有影響公共安全者，應由當地主管建築機關訂定拆除計畫限期拆除
之

(C)既存違章建築不影響公共安全者，得由當地主管建築機關分類分期予以列管拆除
之

(D)既存違章建築是否影響公共安全，得由當地主管建築機關自行額外增加認定

【解析】違章建築處理辦法§11-1

(B)既存違章建築影響公共安全者，當地主管建築機關應訂定拆除計畫限期
拆除。

(C)不影響公共安全者，由當地主管建築機關分類分期予以列管拆除。

(D)前項影響公共安全之範圍如下：

一、供營業使用之整幢違章建築。營業使用之對象由當地主管建築機關
於查報及拆除計畫中定之。

二、合法建築物垂直增建違章建築，有下列情形之一者：

（一）占用建築技術規則設計施工編第九十九條規定之屋頂避難
平臺。

（二）違章建築樓層達二層以上。

三、合法建築物水平增建違章建築，有下列情形之一者：

（一）占用防火間隔。

（二）占用防火巷。

（三）占用騎樓。

（四）占用法定空地供營業使用。營業使用之對象由當地主管建築
機關於查報及拆除計畫中定之。

（五）占用開放空間。

四、其他經當地主管建築機關認有必要。

(A)既存違章建築之劃分日期由當地主管機關視轄區實際情形分區公告之，
並以一次為限。

（D）24.依建築法及其相關規定，有關已授權得由直轄市、縣（市）政府依據地方情形自行
訂定，但仍必須報經內政部核定後方能實施的項目內容，下列敘述何者錯誤？

(A)臨時性建築物之管理方式　　　　　(B)偏遠地區發照之簡化規定

(C)有效日照之檢討規定　　　　　　　(D)停車空間之設置規定

【解析】建築法§99-1

(A)(B) 實施都市計畫以外地區或偏遠地區建築物之管理得予簡化，不適用
本法全部或一部之規定；其建築管理辦法，得由縣政府擬訂，報請
內政部核定之。

(C) 建築法§101

直轄市、縣（市）政府得依據地方情形，分別訂定建築管理規則，報經
內政部核定後實施。

(D) 建築法§102-1

建築物依規定應附建防空避難設備或停車空間；其防空避難設備因特殊
情形施工確有困難或停車空間在一定標準以下及建築物位於都市計畫
停車場公共設施用地一定距離範圍內者，得由起造人繳納代金，由直轄
市、縣（市）主管建築機關代為集中興建。

前項標準、範圍、繳納代金及管理使用辦法，由直轄市、縣（市）政府擬
訂，報請內政部核定之。

（D）25.依建築師法規定，建築師開業後，下列何種情形無須報直轄市、縣（市）主管機關
登記？

(A)事務所地址變更　　　　　　　　　(B)從業建築師受聘

(C)從業技術人員解僱　　　　　　　　(D)事務所資本額異動

【解析】(A) 建築師法§8

建築師申請發給開業證書，應備具申請書載明左列事項，並檢附建築師
證書及經歷證明文件，向所在縣(市)主管機關申請審查登記後發給之；
其在直轄市者，由工務局為之：

一、事務所名稱及地址。

二、建築師姓名、性別、年齡、照片、住址及證書字號。

(B)(C) 建築師法§11

建築師開業後，其事務所地址變更及其從業建築師與技術人員受聘
或解僱，應報直轄市、縣（市）主管機關分別登記。

（B）26.依建築師法規定，下列何者非直轄市、縣（市）主管機關應備具開業建築師登記簿
之載明事項？

(A)獎懲種類、期限及事由

(B)受託辦理建築物設計或監造之紀錄

(C)從業建築師及技術人員姓名、受聘或解僱日期

(D)登記事項之變更

【解析】建築師法§15

直轄市、縣（市）主管機關應備具開業建築師登記簿，載明左列事項：

一、開業申請書所載事項。

二、開業證書號數。

三、從業建築師及技術人員姓名、受聘或解僱日期。(C)

四、登記事項之變更。(D)

五、獎懲種類、期限及事由。(A)

六、停止執業日期及理由。

（C）27.建築師法第 7 條規定，領有建築師證書，具有 2 年以上建築工程經驗者，得申請發
給開業證書。下列何者不符合「具 2 年以上建築工程經驗」之條件？

(A)在開業建築師事務所從事建築工程實際工作累計 2 年以上

(B)在登記有案之民營事業機構從事建築工程實際工作累計 2 年以上

(C)任專科以上學校教授，講授建築學科至少一門且累計 2 年以上

(D)在政府機關從事建築工程實際工作累計 2 年以上

【解析】建築師法施行細則§4

本法第七條所稱具有二年以上建築工程經驗者，指下列情形之一：

一、在開業建築師事務所從事建築工程實際工作累計二年以上。(A)

二、在政府機關、機構、公營或登記有案之民營事業機構從事建築工程實
際工作累計二年以上。(B)(D)

三、任專科以上學校教授、副教授、助理教授、講師講授建築學科二門主
科累計各二年以上。(C)

選項(C)描述不完整。

（D）28.有關建築師法對於建築師獎懲之相關規定，下列敘述何者錯誤？

(A)建築師未經領有開業證書、未加入建築師公會而擅自執業者，除勒令停業外，並處新臺幣 1 萬元以上 3 萬元以下之罰鍰；其不遵從而繼續執業者，得按次連續處罰

(B)建築師受申誡處分 3 次以上者，應另受停止執行業務時限之處分；受停止執行業務處分累計滿 5 年者，應廢止其開業證書

(C)直轄市、縣（市）主管機關對於建築師懲戒事項，應設置建築師懲戒委員會處理之。建築師懲戒委員會應將交付懲戒事項，通知被付懲戒之建築師，並限於 20 日內提出答辯或到會陳述；如不遵限提出答辯或到會陳述時，得逕行決定

(D)建築師開業證書有效期間為 6 年，開業證書已逾有效期間未申請換發，而繼續執行建築師業務者，除勒令停業外，處新臺幣 6 千元以上 3 萬元以下罰鍰，並令其限期補辦申請；屆期不遵從而繼續執業者，由直轄市、縣（市）主管機關交付懲戒

【解析】(A)建築師法§43

建築師未經領有開業證書、已撤銷或廢止開業證書、未加入建築師公會或受停止執行業務處分而擅自執業者，除勒令停業外，並處新臺幣一萬元以上三萬元以下之罰鍰；其不遵從而繼續執業者，得按次連續處罰。

(B)建築師法§45

建築師受申誡處分三次以上者，應另受停止執行業務時限之處分；受停止執行業務處分累計滿五年者，應廢止其開業證書。

(C)建築師法§47

直轄市、縣（市）主管機關對於建築師懲戒事項，應設置建築師懲戒委員會處理之。建築師懲戒委員會應將交付懲戒事項，通知被付懲戒之建築師，並限於二十日內提出答辯或到會陳述；如不遵限提出答辯或到會陳述時，得逕行決定。

(D)建築師法§43-1

建築師違反第九條之一規定，開業證書已逾有效期間未申請換發，而繼續執行建築師業務者，處新臺幣六千元以上一萬五千元以下罰鍰，並令其限期補辦申請；屆期不遵從而繼續執業者，得按次連續處罰。

（B）29.依建築技術規則規定，高層建築物應依規定設置防災中心，有關防災中心的規定，下列敘述何者錯誤？

(A)防災中心應設置於避難層或其直上層或直下層

(B)樓地板面積不得小於 30 平方公尺

(C)防災中心之內部裝修材料應使用耐燃 1 級材料

(D)防災中心應有獨立之防火區劃，且其構造應具有 2 小時以上防火時效

【解析】建築技術規則建築設計施工編§259

　　高層建築物應依左列規定設置防災中心：

　　一、防災中心應設於避難層或其直上層或直下層。(A)

　　二、樓地板面積不得小於四十平方公尺。(B)

　　三、防災中心應以具有二小時以上防火時效之牆壁、防火門窗等防火設備
　　　　及該層防火構造之樓地板予以區劃分隔，室內牆面及天花板（包括底
　　　　材），以耐燃一級材料為限。(C)(D)

（B）30.依建築技術規則規定，下列何種建築物應辦理防火避難綜合檢討評定？

　　(A)高度達 25 層供建築物用途類組 H-2 組使用之高層建築物

　　(B)高度達 25 層供建築物用途類組 H-1 組使用之高層建築物

　　(C)高度 60 公尺供建築物用途類組 H-2 組使用之高層建築物

　　(D)高度 85 公尺供建築物用途類組 H-2 組使用之高層建築物

【解析】建築技術規則建築設計總則編§3-4

　　下列建築物應辦理防火避難綜合檢討評定，或檢具經中央主管建築機關認
　　可之建築物防火避難性能設計計畫書及評定書；其檢具建築物防火避難性
　　能設計計畫書及評定書者，並得適用本編第三條規定：

　　一、高度達二十五層或九十公尺以上之高層建築物。但僅供建築物用途類
　　　　組 H-2 組使用者，不在此限。

　　二、供建築物使用類組 B-2 組使用之總樓地板面積達三萬平方公尺以上之
　　　　建築物。

　　三、與地下公共運輸系統相連接之地下街或地下商場。

（D）31.依建築技術規則規定，有關建築物通風設計，下列敘述何者錯誤？

　　(A)建築物居室通風設備分為自然通風及機械通風兩種

　　(B)一般居室之窗戶或開口之有效通風面積，不得小於該室樓地板面積 5%。但設置
　　　符合規定之自然或機械通風設備者，不在此限

　　(C)廚房除設有符合規定之機械通風設備外，其有效通風面積不得小於該居室樓地板
　　　面積之 1/10，且不得小於 0.8 平方公尺

　　(D)廚房樓地板面積在 80 平方公尺以上者，應另依建築設備編規定設置排除油煙設
　　　備

【解析】建築技術規則建築設計施工編§43

居室應設置能與戶外空氣直接流通之窗戶或開口，或有效之自然通風設備，或依建築設備編規定設置之機械通風設備，並應依下列規定：(A)

一、一般居室及浴廁之窗戶或開口之有效通風面積，不得小於該室樓地板面積百分之五。但設置符合規定之自然或機械通風設備者，不在此限。(B)

二、廚房之有效通風開口面積，不得小於該室**樓地板面積十分之一，且不得小於零點八平方公尺**。但設置符合規定之機械通風設備者，不在此限。**廚房樓地板面積在一百平方公尺以上者**，應另依建築設備編規定設置排除油煙設備。(C)(D)

三、有效通風面積未達該室樓地板面積十分之一之戲院、電影院、演藝場、集會堂等之觀眾席及使用爐灶等燃燒設備之鍋爐間、工作室等，應設置符合規定之機械通風設備。但所使用之燃燒器具及設備可直接自戶外導進空氣，並能將所發生之廢氣，直接排至戶外而無污染室內空氣之情形者，不在此限。

（C）32.依建築技術規則規定，有關停車空間之構造，下列敘述何者錯誤？

(A)停車位角度超過60度者，其停車位前方應留設深6公尺，寬5公尺以上之空間

(B)車道之內側曲線半徑應為5公尺以上

(C)停車空間設置戶外空氣之窗戶或開口，其有效通風面積不得小於該層供停車使用之樓地板面積4%或依規定設置機械通風設備

(D)停車空間應依用戶用電設備裝置規則預留供電動車輛充電相關設備及裝置之裝設空間，並便利行動不便者使用

【解析】建築技術規則建築設計施工編§61

車道之寬度、坡度及曲線半徑應依下列規定：

一、車道之寬度：

（一）單車道寬度應為三點五公尺以上。

（二）雙車道寬度應為五點五公尺以上。

（三）停車位角度超過六十度者，其停車位前方應留設深六公尺，寬五公尺以上之空間。(A)

二、車道坡度不得超過一比六，其表面應用粗面或其他不滑之材料。

三、車道之內側曲線半徑應為五公尺以上。(B)

建築技術規則建築設計施工編§62

停車空間之構造應依下列規定：

一、停車空間及出入車道應有適當之舖築。

二、停車空間設置戶外空氣之窗戶或開口，其有效通風面積不得小於該層供停車使用之樓地板面積百分之五或依規定設置機械通風設備。

三、供停車空間之樓層淨高，不得小於二點一公尺。(C)

四、停車空間應依用戶用電設備裝置規則預留供電動車輛充電相關設備及裝置之裝設空間，並便利行動不便者使用。(D)

（D）33.依建築技術規則有關防火間隔規定，防火構造建築物，除基地鄰接寬度 6 公尺以上之道路或深度 6 公尺以上之永久性空地側外，下列敘述何者錯誤？

(A)建築物自基地境界線退縮留設之防火間隔未達 1.5 公尺範圍內之外牆部分，應具有 1 小時以上防火時效

(B)建築物自基地境界線退縮留設之防火間隔在 1.5 公尺以上未達 3 公尺範圍內之外牆部分，應具有半小時以上防火時效

(C)同一居室開口面積在 3 平方公尺以下，且以具半小時防火時效之牆壁（不包括裝設於該牆壁上之門窗）與樓板區劃分隔者，其外牆之開口不在此限

(D)一基地內二幢建築物間之防火間隔未達 3 公尺範圍內之外牆部分，應具有半小時以上防火時效

【解析】建築技術規則建築設計施工編§110

防火構造建築物，除基地鄰接寬度六公尺以上之道路或深度六公尺以上之永久性空地側外，依左列規定：

一、建築物自基地境界線退縮留設之防火間隔未達一‧五公尺範圍內之外牆部分，應具有一小時以上防火時效，其牆上之開口應裝設具同等以上防火時效之防火門或固定式防火窗等防火設備。(A)

二、建築物自基地境界線退縮留設之防火間隔在一‧五公尺以上未達三公尺範圍內之外牆部分，應具有半小時以上防火時效，其牆上之開口應裝設具同等以上防火時效之防火門窗等防火設備。但同一居室開口面積在三平方公尺以下，且以具半小時防火時效之牆壁（不包括裝設於該牆壁上之門窗）與樓板區劃分隔者，其外牆之開口不在此限。(B)(C)

三、一基地內二幢建築物間之防火間隔未達三公尺範圍內之外牆部分，應具有一小時以上防火時效，其牆上之開口應裝設具同等以上防火時效之防火門或固定式防火窗等防火設備。(D)

四、一基地內二幢建築物間之防火間隔在三公尺以上未達六公尺範圍內之

外牆部分，應具有半小時以上防火時效，其牆上之開口應裝設具同等
以上防火時效之防火門窗等防火設備。但同一居室開口面積在三平方
公尺以下，且以具半小時防火時效之牆壁（不包括裝設於該牆壁上之
門窗）與樓板區劃分隔者，其外牆之開口不在此限。

五、建築物配合本編第九十條規定之避難層出入口，應在基地內留設淨寬
一・五公尺之避難用通路自出入口接通至道路，避難用通路得兼作防
火間隔。臨接避難用通路之建築物外牆開口應具有一小時以上防火時
效及半小時以上之阻熱性。

六、市地重劃地區，應由直轄市、縣（市）政府規定整體性防火間隔，其
淨寬應在三公尺以上，並應接通道路。

（B）34.依建築技術規則規定，有關建築物安全梯或特別安全梯之設置，下列敘述何者錯誤？

(A)安全梯之樓梯間於避難層之出入口，應裝設具 1 小時防火時效之防火門

(B)特別安全梯得經由他座特別安全梯之排煙室或陽臺進入

(C)建築物各棟設置之安全梯，應至少有一座於各樓層僅設一處出入口且不得直接連
接居室

(D)安全梯間開設採光用之向外窗戶或開口者，應與同幢建築物之其他窗戶或開口相
距 90 公分以上

【解析】(A)(C)(D)建築技術規則建築設計施工編§97

（三）安全梯間應設有緊急電源之照明設備，其開設採光用之向外窗戶或
開口者，應與同幢建築物之其他窗戶或開口相距九十公分以上。

安全梯之樓梯間於避難層之出入口，應裝設具一小時防火時效之防
火門。

建築物各棟設置之安全梯，應至少有一座於各樓層僅設一處出入口
且不得直接連接居室。

(B) 建築技術規則建築設計施工編§97-1

特別安全梯不得經由他座特別安全梯之排煙室或陽臺進入。

（B）35.依建築技術規則規定，有關學校校舍配置，下列敘述何者錯誤？

(A)臨接應留設法定騎樓之道路時，應自建築線退縮騎樓地再加 1.5 公尺以上建築

(B)臨接建築線或鄰地境界線者，應自建築線或鄰地界線退後 2.5 公尺以上建築

(C)教室之方位應適當，並應有適當之人工照明及遮陽設備

(D)建築物高度，不得大於二幢建築物外牆中心線水平距離 1.5 倍，但相對之外牆均
無開口，或有開口但不供教學使用者，不在此限

【解析】建築技術規則建築設計施工編§133

（配置、方位與設備）校舍配置，方位與設備應依左列規定：

一、臨接應留設法定騎樓之道路時，應自建築線退縮騎樓地再加一‧五公尺以上建築。(A)

二、臨接建築線或鄰地境界線者，應自建築線或鄰地界線退後三公尺以上建築。(B)

三、教室之方位應適當，並應有適當之人工照明及遮陽設備。(C)

四、校舍配置，應避免聲音發生互相干擾之現象。

五、建築物高度，不得大於二幢建築物外牆中心線水平距離一‧五倍，但相對之外牆均無開口，或有開口但不供教學使用者，不在此限。(D)

（B）36.依建築技術規則無障礙建築物專章之規定，建築物用途為集合住宅，設置停車空間總數共 800 輛，且全為法定車位，其需設置之無障礙停車位數至少不得少於幾輛？

(A) 8 輛　　　　　　(B) 9 輛　　　　　　(C) 10 輛　　　　　　(D) 25 輛

【解析】建築技術規則建築設計施工編§167-6

建築物使用類組為 H-2 組住宅或集合住宅，其無障礙停車位數量不得少於下表規定：

五十以下×1

五十一至一百五十×2

一百五十一至二百五十×3

二百五十一至三百五十×4

三百五十一至四百五十×5

四百五十一至五百五十×6

超過五百五十輛停車位者，超過部分每增加一百輛，應增加一輛無障礙停車位；不足一百輛，以一百輛計。

題目所述 800 輛，800 － 550 ＝ 250，增加 3 輛，6 ＋ 3 ＝ 9。

（C）37.依建築技術規則規定，有關地下使用單元與地下通道之關係，下列敘述何者錯誤？

(A)地下使用單元臨接地下通道之寬度，不得小於 2 公尺

(B)地下使用單元內之任一點，至地下通道或專用直通樓梯出入口之步行距離不得超過 20 公尺

(C)地下通道之寬度不得小於 5 公尺，並不得設置有礙避難通行之設施

(D)地下通道及地下廣場之天花板淨高不得小於 3 公尺，但至天花板下之防煙壁、廣告物等類似突出部分之下端，得減為 2.5 公尺以上

【解析】(A)(B)建築技術規則建築設計施工編§183

地下使用單元臨接地下通道之寬度，不得小於二公尺。自地下使用單元內

之任一點，至地下通道或專用直通樓梯出入口之步行距離不得超過二十公

尺。

建築技術規則建築設計施工編§184

地下通道依左列規定：

一、地下通道之寬度不得小於六公尺，並不得設置有礙避難通行之設施。

　　(C)

二、地下通道之地板面高度不等時應以坡道連接之，不得設置台階，其坡

　　度應小於一比十二，坡道表面並應作止滑處理。

三、地下通道及地下廣場之天花板淨高不得小於三公尺，但至天花板下之

　　防煙壁、廣告物等類似突出部份之下端，得減為二‧五公尺以上。(D)

四、地下通道末端不與其他地下通道相連者，應設置出入口通達地面道路

　　或永久性空地，其出入口寬度不得小於該通道之寬度。該末端設有二

　　處以上出入口時，其寬度得合併計算。

（A）38.依建築技術規則規定，有關高層建築物之配管，下列敘述何者錯誤？

(A)一般配管之容許層間變位為百分之一

(B)消防配管之容許層間變位為百分之一

(C)瓦斯配管之容許層間變位為百分之一

(D)高層建築物配管管道間應考慮維修及更換空間。瓦斯管之管道間應單獨設置。但

　　與給水管或排水管共構設置者，不在此限

【解析】(A)(B)(C)建築技術規則建築設計施工編§245

高層建築物之配管立管應考慮層間變位，一般配管之容許層間變位為二百

分之一，消防、瓦斯等配管為百分之一。

(D)建築技術規則建築設計施工編§246

高層建築物配管管道間應考慮維修及更換空間。瓦斯管之管道間應單獨

設置。但與給水管或排水管共構設置者，不在此限。

（B）39.依建築技術規則實施都市計畫地區建築基地綜合設計規定，建築物之設計，其基地

臨接道路部分，應設寬度至少多少公尺以上之步行專用道或法定騎樓？

(A) 3　　　　　　　(B) 4　　　　　　　(C) 5　　　　　　　(D) 6

【解析】實施都市計畫地區建築基地綜合設計鼓勵辦法§9

建築物之設計，其基地臨接道路部分，應設寬度四公尺以上之步行專用道

或法定騎樓；其具頂蓋部分，頂蓋淨高應在六公尺以上；步行專用道設有花台或牆柱等設施者，其可供通行之淨寬度不得小於一點五公尺。但依規定應設置騎樓者，其淨寬從其規定。

（B）40.依建築技術規則規定，某建築物總樓地板面積合計 3,000 平方公尺，該建築物以基地內通路為進出道路。該建築物之基地內通路寬度至少應為幾公尺？

(A) 5 公尺　　　　(B) 6 公尺　　　　(C) 7 公尺　　　　(D) 8 公尺

【解析】建築技術規則建築設計施工編§2

　　　　四、基地內以私設通路為進出道路之建築物總樓地板面積合計在一、○○○平方公尺以上者，通路寬度為六公尺。

（B）41.依建築技術規則規定，有關工廠類建築物之裝卸位，下列敘述何者錯誤？

(A)作業廠房樓地板面積 1,500 平方公尺以上者，應設一處裝卸位

(B)作業廠房樓地板面積超過 1,500 平方公尺部分，每增加 5,000 平方公尺，應增設一處裝卸位

(C)裝卸位長度不得小於 13 公尺，寬度不得小於 4 公尺

(D)裝卸位淨高不得低於 4.2 公尺

【解析】建築技術規則建築設計施工編§278

　　　　(A)(B) 作業廠房樓地板面積一千五百平方公尺以上者，應設一處裝卸位；面積超過一千五百平方公尺部分，每增加四千平方公尺，應增設一處。

　　　　(C)(D) 前項裝卸位長度不得小於十三公尺，寬度不得小於四公尺，淨高不得低於四點二公尺。

（C）42.依建築技術規則規定，有關老人住宅服務空間之設置面積，下列敘述何者錯誤？

(A)浴室含廁所者，每一處之樓地板面積應為 4 平方公尺以上

(B)公共服務空間合計樓地板面積應達居住人數每人 2 平方公尺以上

(C)居住單元 10 戶時，應至少提供一處交誼室

(D)受服務之老人超過 20 人者，應至少提供一處交誼室

【解析】建築技術規則建築設計施工編§295

　　　　前項服務空間之設置面積規定如左：

　　　　一、浴室含廁所者，每一處之樓地板面積應為四平方公尺以上。(A)

　　　　二、公共服務空間合計樓地板面積應達居住人數每人二平方公尺以上。(B)

　　　　三、居住單元超過十四戶或受服務之老人超過二十人者，應至少提供一處交誼室，其中一處交誼室之樓地板面積不得小於四十平方公尺，並應附設廁所。(C)(D)

（B）43.依建築技術規則規定，下列何者非屬特定建築物？

(A)供其使用之樓地板面積為 1,500 平方公尺的集會堂

(B)供其使用之樓地板面積為 500 平方公尺的 1 層樓建築物，以防火牆區劃分開，面積分別為 190、160、150 平方公尺之 2 間店鋪及 1 間飲食店且均直接通達道路

(C)供其使用之總樓地板面積為 1,000 平方公尺的戲院

(D)供其使用之總樓地板面積 150 平方公尺的工廠

【解析】建築技術規則建築設計施工編§117

本章之適用範圍依左列規定：

一、戲院、電影院、歌廳、演藝場、電視播送室、電影攝影場、及樓地板面積超過二百平方公尺之集會堂。(A)(C)

二、夜總會、舞廳、室內兒童樂園、遊藝場及酒家、酒吧等，供其使用樓地板面積之和超過二百平方公尺者。

三、商場（包括超級市場、店鋪）、市場、餐廳（包括飲食店、咖啡館）等，供其使用樓地板面積之和超過二百平方公尺者。但在避難層之店鋪，飲食店以防火牆區劃分開，且可直接通達道路或私設通路者，其樓地板面積免合併計算。(B)

四、旅館、設有病房之醫院、兒童福利設施、公共浴室等、供其使用樓地板面積之和超過二百平方公尺者。

五、學校。

六、博物館、圖書館、美術館、展覽場、陳列館、體育館（附屬於學校者除外）、保齡球館、溜冰場、室內游泳池等，供其使用樓地板面積之和超過二百平方公尺者。

七、工廠類，其作業廠房之樓地板面積之和超過五十平方公尺或總樓地板面積超過七十平方公尺者。(D)

八、車庫、車輛修理場所、洗車場、汽車站房、汽車商場（限於在同一建築物內有停車場者）等。

九、倉庫、批發市場、貨物輸配所等，供其使用樓地板面積之和超過一百五十平方公尺者。

十、汽車加油站、危險物貯藏庫及其處理場。

十一、總樓地板面積超過一千平方公尺之政府機關及公私團體辦公廳。

十二、屠宰場、污物處理場、殯儀館等，供其使用樓地板面積之和超過二百平方公尺者。

（B）44.依建築技術規則規定，有關建築物雨水或生活雜排水回收再利用，下列敘述何者錯誤？

(A)總樓地板面積達 10,000 平方公尺以上之新建建築物。但衛生醫療類（F-1 組）或經中央主管建築機關認可之建築物，不在此限

(B)設置雨水貯留利用系統者，其雨水貯留利用率應大於 3%

(C)設置生活雜排水回收利用系統者，其生活雜排水回收再利用率應大於 30%

(D)由雨水貯留利用系統或生活雜排水回收再利用系統處理後之用水，可使用於沖廁、景觀、澆灌、灑水、洗車、冷卻水、消防及其他不與人體直接接觸之用水

【解析】(A)建築技術規則建築設計施工編§298

四、建築物雨水或生活雜排水回收再利用：指將雨水或生活雜排水貯集、過濾、再利用之設計，其適用範圍為總樓地板面積達一萬平方公尺以上之新建建築物。但衛生醫療類（F-1 組）或經中央主管建築機關認可之建築物，不在此限。

(B)(C)建築技術規則建築設計施工編§316

建築物應就設置雨水貯留利用系統或生活雜排水回收再利用系統，擇一設置。設置雨水貯留利用系統者，其雨水貯留利用率應大於百分之四；設置生活雜排水回收利用系統者，其生活雜排水回收再利用率應大於百分之三十。

(D)建築技術規則建築設計施工編§317

由雨水貯留利用系統或生活雜排水回收再利用系統處理後之用水，可使用於沖廁、景觀、澆灌、灑水、洗車、冷卻水、消防及其他不與人體直接接觸之用水。

（C）45.依都市計畫法規定，都市計畫不包含下列何者？

(A)市（鎮）計畫　　(B)鄉街計畫　　　(C)都會區計畫　　(D)特定區計畫

【解析】都市計畫法§9

都市計畫分為左列三種：

一、市（鎮）計畫。(A)

二、鄉街計畫。(B)

三、特定區計畫。(D)

（B）46.依都市計畫法規定，未發布細部計畫地區，應限制其建築使用及變更地形。但主要計畫發布至少已逾幾年以上，而能確定建築線或主要公共設施已照主要計畫興建完成者，得依有關建築法令之規定，由主管建築機關指定建築線，核發建築執照？

(A) 1　　　　　　(B) 2　　　　　　(C) 3　　　　　　(D) 4

【解析】都市計畫法§17

　　　2. 未發布細部計畫地區，**應限制其建築使用及變更地形。但主要計畫發布已逾二年以上**，而能確定建築線或主要公共設施已照主要計畫興建完成者，得依有關建築法令之規定，由主管建築機關指定建築線，核發建築執照。

（C）47.依都市計畫法規定，下列敘述何者錯誤？

(A)都市計畫地區，得視地理形勢，使用現況或軍事安全上之需要，保留農業地區或設置保護區，並限制其建築使用

(B)特定專用區內土地及建築物，不得違反其特定用途之使用

(C)都市計畫經發布實施後，應依營造法之規定，實施建築管理

(D)商業區為促進商業發展而劃定，其土地及建築物之使用，不得有礙商業之便利

【解析】(A)都市計畫法§33

　　　都市計畫地區，得視地理形勢，使用現況或軍事安全上之需要，保留農業地區或設置保護區，並限制其建築使用。

(B) 都市計畫法§38

　　　特定專用區內土地及建築物，不得違反其特定用途之使用。

(C) 都市計畫法§40

　　　都市計畫經發布實施後，應依建築法之規定，實施建築管理。

(D) 都市計畫法§35

　　　商業區為促進商業發展而劃定，其土地及建築物之使用，不得有礙商業之便利。

（A）48.依都市計畫法規定，依本法指定之公共設施保留地供公用事業設施之用者，由各該事業機構依法予以徵收或購買；其餘由該管政府或鄉、鎮、縣轄市公所取得之，其取得方式不包含下列何者？

(A)撥用　　　　　(B)徵收　　　　　(C)區段徵收　　　　　(D)市地重劃

【解析】都市計畫法§48

　　　依本法指定之公共設施保留地供公用事業設施之用者，由各該事業機構依法予以徵收或購買；其餘由該管政府或鄉、鎮、縣轄市公所依左列方式取

得之：

一、徵收。(B)

二、區段徵收。(C)

三、市地重劃。(D)

（A）49.依都市計畫容積移轉實施辦法規定，接受基地得以折繳代金方式移入容積，其折繳代金金額之查估及其所需費用之負擔，下列敘述何者正確？

(A)由直轄市、縣（市）主管機關委託三家以上專業估價者查估後評定之；必要時，查估工作得由直轄市、縣（市）主管機關辦理。其所需費用，由接受基地所有權人或公有土地地上權人負擔

(B)由直轄市、縣（市）主管機關委託三家以上專業估價者查估後評定之；必要時，查估工作得由直轄市、縣（市）主管機關辦理。其所需費用，由送出基地所有權人負擔

(C)由直轄市、縣（市）主管機關委託二家以上專業估價者查估後評定之；必要時，查估工作得由直轄市、縣（市）主管機關辦理。其所需費用，由接受基地所有權人或公有土地地上權人負擔

(D)由直轄市、縣（市）主管機關委託二家以上專業估價者查估後評定之；必要時，查估工作得由直轄市、縣（市）主管機關辦理。其所需費用，由送出基地所有權人負擔

【解析】都市計畫容積移轉實施辦法§9-1

接受基地得以折繳代金方式移入容積，其折繳代金之金額，由直轄市、縣（市）主管機關委託三家以上專業估價者查估後評定之；必要時，查估工作得由直轄市、縣（市）主管機關辦理。其所需費用，**由接受基地所有權人或公有土地地上權人負擔**。

（B）50.依都市更新條例規定，更新地區劃定或變更後，直轄市、縣（市）主管機關得視實際需要，公告禁止更新地區範圍內建築物之改建、增建或新建及採取土石或變更地形，其禁止期限，最長不得超過幾年？

(A) 1　　　　　(B) 2　　　　　(C) 3　　　　　(D) 4

【解析】都市更新條例§42

1. 更新地區劃定或變更後，直轄市、縣（市）主管機關得視實際需要，公告禁止更新地區範圍內建築物之改建、增建或新建及採取土石或變更地形。但不影響都市更新事業之實施者，不在此限。

2. 前項禁止期限，**最長不得超過二年**。

（ C ）51.依都市更新建築容積獎勵辦法規定，實施容積管制前已興建完成之合法建築物，其
原建築容積高於基準容積者，下列敘述何者正確？

(A)得依原建築容積 10%給予獎勵容積

(B)得依原建築基地基準容積 30%給予獎勵容積

(C)得依原建築容積建築，或依原建築基地基準容積 10%給予獎勵容積

(D)得依原建築容積 10%，或依原建築基地基準容積 30%給予獎勵容積

【解析】(A)(C)都市危險及老舊建築物建築容積獎勵辦法§3

重建計畫範圍內原建築基地之原建築容積高於基準容積者，其容積
獎勵額度為原建築基地之基準容積百分之十，或依原建築容積建築。

(B)(D)都市更新條例§65

2.，一、實施容積管制前已興建完成之合法建築物，其原建築容積
高於基準容積：不得超過各該建築基地零點三倍之基準容
積再加其原建築容積，或各該建築基地一點二倍之原建築
容積。

（ A ）52.依都市更新權利變換實施辦法規定，實施者應訂定期限辦理土地所有權人及權利變
換關係人分配位置之申請；未於規定期限內提出申請者，如何處理？

(A)以公開抽籤方式分配之　　　　　　(B)由實施者分配之

(C)申請當地主管機關分配之　　　　　(D)申請法院分配之

【解析】都市更新權利變換實施辦法§17

2. 實施者應訂定期限辦理土地所有權人及權利變換關係人分配位置之申
請；未於規定期限內提出申請者，以公開抽籤方式分配之。其期限不得
少於三十日。

（ C ）53.依國土計畫法規定，關於國土計畫之使用許可，下列敘述何者正確？

(A)依國土計畫法規定，未來於農業發展地區申請使用許可後，可將農業發展地區變
更為城鄉發展地區

(B)依國土計畫法規定，未來於農業發展地區申請使用許可後，可辦理填海造地工程

(C)主管機關審議申請使用許可案件，應考量土地使用適宜性、交通與公共設施服務
水準、自然環境及人為設施容受力

(D)國土計畫主管機關核發使用許可案件，應向申請人收取國土保育費作為改善或增
建相關公共設施用途

【解析】(B)國土計畫法§24

1. 於符合第二十一條國土功能分區及其分類之使用原則下，從事一定

規模以上或性質特殊之土地使用，應由申請人檢具第二十六條規定之書圖文件申請使用許可；其一定規模以上或性質特殊之土地使用，其認定標準，由中央主管機關定之。

2. 前項使用許可不得變更國土功能分區、分類，且填海造地案件限於城鄉發展地區申請，並符合海岸及海域之規劃。

(C)國土計畫法§26

2. 主管機關審議申請使用許可案件，應考量土地使用適宜性、交通與公共設施服務水準、自然環境及人為設施容受力。

(D)國土計畫法§28

1. 經主管機關核發使用許可案件，中央主管機關應向申請人收取國土保育費作為辦理國土保育有關事項之用；直轄市、縣（市）主管機關應向申請人收取影響費，作為改善或增建相關公共設施之用，影響費得以使用許可範圍內可建築土地抵充之。

（D）54.依區域計畫法規定，區域計畫公告實施後之分區變更，下列敘述何者錯誤？

(A)為加強資源保育須檢討變更使用分區者，得由直轄市、縣（市）政府報經上級主管機關核定時，逕為辦理分區變更

(B)為開發利用，依各該區域計畫之規定，由申請人擬具開發計畫，檢同有關文件，向直轄市、縣（市）政府申請，報經各該區域計畫擬定機關許可後，辦理分區變更

(C)區域計畫擬定機關為開發利用許可前，應先將申請開發案提報各該區域計畫委員會審議之

(D)依規定取得區域計畫擬定機關許可後，應先辦理分區及用地變更，再向直轄市、縣（市）政府繳交開發影響費

【解析】申請開發者依第十五條之一第一項第二款規定取得區域計畫擬定機關許可後，辦理分區或用地變更前，**應將開發區內之公共設施用地完成分割移轉登記為各該直轄市、縣（市）有或鄉、鎮（市）有，並向直轄市、縣（市）政府繳交開發影響費**，作為改善或增建相關公共設施之用；該開發影響費得以開發區內可建築土地抵充之。

（B）55.依區域計畫法施行細則規定，關於區域計畫之使用地編定，下列敘述何者錯誤？

(A)甲種建築用地：供山坡地範圍外之農業區內建築使用者

(B)乙種建築用地：供森林區、山坡地保育區、風景區及山坡地範圍之農業區內建築使用者

(C)丁種建築用地：供工廠及有關工業設施建築使用者

(D)農牧用地：供農牧生產及其設施使用者

【解析】區域計畫法施行細則§13

(A)一、甲種建築用地：供山坡地範圍外之農業區內建築使用者。

(B)二、乙種建築用地：供鄉村區內建築使用者。

(C)四、丁種建築用地：供工廠及有關工業設施建築使用者。

(D)五、農牧用地：供農牧生產及其設施使用者。

（B）56.依國土計畫法規定，關於國土計畫之擬定與變更，下列敘述何者錯誤？

(A)全部行政轄區均已發布實施都市計畫或國家公園計畫者，得免擬訂直轄市、縣（市）國土計畫

(B)直轄市、縣（市）國土計畫公告實施後，擬訂計畫之機關應視實際發展情況，每10年通盤檢討一次，並作必要之變更

(C)為加強資源保育或避免重大災害之發生，得適時檢討變更國土計畫

(D)為政府興辦國防、重大之公共設施或公用事業計畫，得適時檢討變更國土計畫

【解析】國土計畫法§15

1. 全國國土計畫公告實施後，直轄市、縣（市）主管機關應依中央主管機關規定期限，辦理直轄市、縣（市）國土計畫之擬訂或變更。但其全部行政轄區均已發布實施都市計畫或國家公園計畫者，得免擬訂直轄市、縣（市）國土計畫。(A)

2. 直轄市、縣（市）主管機關未依前項規定期限辦理直轄市、縣（市）國土計畫之擬訂或變更者，中央主管機關得逕為擬訂或變更，並準用第十一條至第十三條規定程序辦理。

3. 國土計畫公告實施後，擬訂計畫之機關應視實際發展情況，全國國土計畫每十年通盤檢討一次，直轄市、縣（市）國土計畫每五年通盤檢討一次，並作必要之變更。但有下列情事之一者，得適時檢討變更之：(B)

一、因戰爭、地震、水災、風災、火災或其他重大事變遭受損壞。

二、為加強資源保育或避免重大災害之發生。(C)

三、政府興辦國防、重大之公共設施或公用事業計畫。(D)

四、 其屬全國國土計畫者，為擬訂、變更都會區域或特定區域之計畫內容。

五、 其屬直轄市、縣（市）國土計畫者，為配合全國國土計畫之指示事項。

（C）57.依公寓大廈管理條例規定，公寓大廈之起造人應將共用部分、約定共用部分與其附屬設施設備之相關圖說文件，於下列何種時機，會同政府主管機關、公寓大廈管理委員會或管理負責人現場針對水電、機械設施、消防設施及各類管線進行檢測，確認功能正常無誤後，移交之？

(A)於領得使用執照之日起 3 個月內

(B)於建築物所有權登記之區分所有權人達半數以上後 3 個月內

(C)於管理委員會成立或管理負責人推選或指定後 7 日內

(D)於接獲主管機關書面通知日起 7 日內

【解析】公寓大廈管理條例§57

1. 起造人應將公寓大廈共用部分、約定共用部分與其附屬設施設備；設施設備使用維護手冊及廠商資料、使用執照謄本、竣工圖說、水電、機械設施、消防及管線圖說，**於管理委員會成立或管理負責人推選或指定後七日內會同政府主管機關**、公寓大廈管理委員會或管理負責人現場針對水電、機械設施、消防設施及各類管線進行檢測，確認其功能正常無誤後，移交之。

（C）58.有關公寓大廈管理條例之用辭定義，下列敘述何者錯誤？

(A)區分所有：指數人區分一建築物而各有其專有部分，並就其共用部分按其應有部分有所有權

(B)共用部分：指公寓大廈專有部分以外之其他部分及不屬專有之附屬建築物，而供共同使用者

(C)管理委員會：指為執行區分所有權人會議決議事項及公寓大廈管理維護工作，由區分所有權人自願擔任委員所設立之組織

(D)規約：公寓大廈區分所有權人為增進共同利益，確保良好生活環境，經區分所有權人會議決議之共同遵守事項

【解析】公寓大廈管理條例§3

二、區分所有：指數人區分一建築物而各有其專有部分，並就其共用部分按其應有部分有所有權。(A)

四、共用部分：指公寓大廈專有部分以外之其他部分及不屬專有之附屬建築物，而供共同使用者。(B)

七、區分所有權人會議：指區分所有權人為共同事務及涉及權利義務之有

關事項，召集全體區分所有權人所舉行之會議。

九、管理委員會：指為執行區分所有權人會議決議事項及公寓大廈管理維護工作，由區分所有權人選任住戶若干人為管理委員所設立之組織。(C)

十二、規約：公寓大廈區分所有權人為增進共同利益，確保良好生活環境，經區分所有權人會議決議之共同遵守事項。(D)

（D）59.依公寓大廈管理條例規定，有關公寓大廈之共用部分，下列何者得做為約定專用部分？

(A)公寓大廈本身所占之地面

(B)公寓大廈基礎、主要樑柱、承重牆壁、樓地板及屋頂之構造

(C)連通數個專有部分之走廊或樓梯，及其通往室外之通路或門廳

(D)法定停車空間

【解析】公寓大廈管理條例§3

四、共用部分：指公寓大廈專有部分以外之其他部分及不屬專有之附屬建築物，而供共同使用者。(A)(B)(C)

五、約定專用部分：公寓大廈共用部分經約定供特定區分所有權人使用者。(D)

（B）60.依公寓大廈管理條例規定，有關公寓大廈管理委員會之委員任期，下列敘述何者正確？

(A)法令無限制，得由區分所有權人會議決議

(B)任期為 1 至 2 年，但區分所有權人會議或規約未規定者，任期 1 年

(C)應報請地方主管機關核定任期

(D)法令無限制，依規約規定

【解析】公寓大廈管理條例§25

3. 區分所有權人會議除第二十八條規定外，由具區分所有權人身分之管理負責人、管理委員會主任委員或管理委員為召集人；管理負責人、管理委員會主任委員或管理委員喪失區分所有權人資格日起，視同解任。無管理負責人或管理委員會，或無區分所有權人擔任管理負責人、主任委員或管理委員時，由區分所有權人互推一人為召集人；**召集人任期依區分所有權人會議或依規約規定，任期一至二年，連選得連任一次。但區分所有權人會議或規約未規定者，任期一年，連選得連任一次。**

（D）61.依公寓大廈管理條例相關規定，起造人應按工程造價一定比例或金額提列公共基金之計算標準，下列敘述何者錯誤？

(A)新臺幣 1,000 萬元以下者為 20/1000

(B)逾新臺幣 1,000 萬元至新臺幣 1 億元者，超過新臺幣 1,000 萬元部分為 15/1000

(C)逾新臺幣 1 億元至新臺幣 10 億元者，超過新臺幣 1 億元部分為 5/1000

(D)逾新臺幣 10 億元者，超過新臺幣 10 億元部分為 4/1000

【解析】公寓大廈管理條例施行細則§5

1. 本條例第十八條第一項第一款所定按工程造價一定比例或金額提列公共基金，依下列標準計算之：

一、新臺幣一千萬元以下者為千分之二十。(A)

二、逾新臺幣一千萬元至新臺幣一億元者，超過新臺幣一千萬元部分為千分之十五。(B)

三、逾新臺幣一億元至新臺幣十億元者，超過新臺幣一億元部分為千分之五。(C)

四、逾新臺幣十億元者，**超過新臺幣十億元部分為千分之三。**(D)

（B）62.廠商對於公告金額以上採購異議之處理結果不服，得於收受異議處理結果之次日起最多不超過多少日內，以書面分別向主管機關、直轄市或縣（市）政府所設之採購申訴審議委員會申訴？

(A) 10　　　(B) 15　　　(C) 20　　　(D) 25

【解析】政府採購法§102

2. 廠商對前項異議之處理結果不服，或機關逾收受異議之次日起十五日內不為處理者，無論該案件是否逾公告金額，得於**收受異議處理結果或期限屆滿之次日起十五日內**，以書面向該管採購申訴審議委員會申訴。

（D）63.依營造業法規定，下列何者非營造業之專任工程人員應負責辦理之工作？

(A)查核施工計畫書，並於認可後簽名或蓋章

(B)於開工、竣工報告文件及工程查報表簽名或蓋章

(C)督察按圖施工、解決施工技術問題

(D)按日填報施工日誌

【解析】營造業法§35

營造業之專任工程人員應負責辦理下列工作：

一、查核施工計畫書，並於認可後簽名或蓋章。(A)

二、於開工、竣工報告文件及工程查報表簽名或蓋章。(B)

三、督察按圖施工、解決施工技術問題。(C)

四、依工地主任之通報，處理工地緊急異常狀況。

五、查驗工程時到場說明，並於工程查驗文件簽名或蓋章。

六、營繕工程必須勘驗部分赴現場履勘，並於申報勘驗文件簽名或蓋章。

七、主管機關勘驗工程時，在場說明，並於相關文件簽名或蓋章。

八、其他依法令規定應辦理之事項。

營造業法§32

營造業之工地主任應負責辦理下列工作：

二、按日填報施工日誌。(D)

（B）64.依營造業法施行細則規定，下列何者為甲等綜合營造業資本額最低門檻？

(A)新臺幣 2,500 萬元　　　　　　　(B)新臺幣 2,250 萬元

(C)新臺幣 2,000 萬元　　　　　　　(D)新臺幣 1,750 萬元

【解析】營造業法施行細則§4

本法第七條第一項第二款所定綜合營造業之資本額，於**甲等綜合營造業為新臺幣二千二百五十萬元**以上；乙等綜合營造業為新臺幣一千二百萬元以上；丙等綜合營造業為新臺幣三百六十萬元以上。

（C）65.依營造業承攬工程造價限額工程規模範圍申報淨值及一定期間承攬總額認定辦法規定，營造業承攬造價限額之敘述，下列何者錯誤？

(A)丙等綜合營造業承攬造價限額為新臺幣 2,700 萬元

(B)乙等綜合營造業承攬造價限額為新臺幣 9,000 萬元

(C)專業營造業承攬造價限額為其資本額之 8 倍

(D)甲等綜合營造業承攬造價限額為其資本額之 10 倍

【解析】營造業承攬工程造價限額工程規模範圍申報淨值及一定期間承攬總額認定辦法§4

1. 丙等綜合營造業承攬造價限額為新臺幣二千七百萬元,其工程規模範圍應符合下列各款規定：(A)

一、建築物高度二十一公尺以下。

二、建築物地下室開挖六公尺以下。

三、橋樑柱跨距十五公尺以下。

2. 乙等綜合營造業承攬造價限額為新臺幣九千萬元,其工程規模應符合下列各款規定：(B)

一、建築物高度三十六公尺以下。

二、建築物地下室開挖九公尺以下。

三、橋樑柱跨距二十五公尺以下。

3. 甲等綜合營造業承攬造價限額為其資本額之十倍,其工程規模不受限

制。(D)

營造業承攬工程造價限額工程規模範圍申報淨值及一定期間承攬總額認定辦法§5

專業營造業承攬造價限額為其資本額之十倍，其工程規模不受限制。(C)

（A）66.依政府採購法規定，機關人員對於與採購有關之事項，涉及幾親等以內親屬，或共同生活家屬之利益時，應行迴避？

(A)二親等　　　　　(B)三親等　　　　　(C)四親等　　　　　(D)五親等

【解析】政府採購法§15

　　2. 機關人員對於與採購有關之事項，涉及本人、配偶、**二親等**以內親屬，或共同生活家屬之利益時，應行迴避。

（#）67.依政府採購法規定，追繳押標金之請求權，至多幾年不行使而消滅？【**一律給分**】

(A)3 年　　　　　(B)5 年　　　　　(C)10 年　　　　　(D)無限制

【解析】政府採購法§31

　　4. 第二項追繳押標金之請求權，因**五年**間不行使而消滅。

　　此條文已刪除，考選部裁定本題全部送分。

（D）68.依政府採購法規定，下列何者為廠商得向採購申訴審議委員會申訴之採購金額最低門檻？

(A)公告金額十分之一以上　　　　　(B)公告金額以上

(C)查核金額以上　　　　　(D)無金額限制

【解析】採購申訴審議規則§11

　　申訴事件有下列情形之一者，應提申訴會委員會議為不受理之決議：

　　一、採購事件未達公告金額。但第二條第二項及本法第三十一條第二項事件，不在此限。

　　二、申訴逾越法定期間。

　　三、申訴不合法定程式不能補正，或經通知限期補正屆期未補正。

　　四、申訴事件不屬收受申訴書之申訴會管轄而不能依第九條規定移送。

　　五、對於已經審議判斷或已經撤回之申訴事件復為同一之申訴。

　　六、招標機關自行依申訴廠商之請求，撤銷或變更其處理結果。

　　七、申訴廠商不適格。

　　八、採購履約爭議提出申訴，未申請改行調解程序。

　　九、非屬政府採購事件。

　　十、其他不予受理之情事。

採購申訴審議規則§2

廠商對機關依本法第一百零二條第一項異議之處理結果不服，或機關逾收受異議之次日起十五日期限不為處理者，無論該事件是否逾公告金額，得於收受異議處理結果或處理期限屆滿之次日起十五日內，以書面向該管申訴會申訴。

故無金額限制。

（A）69.依政府採購法規定，機關通知廠商有查驗或驗收不合格情節重大之情形，且該廠商於機關通知日起前 5 年內被任一機關刊登 1 次，則經廠商提出異議申訴審議結果並無不實者，自刊登公報之次日起多久期間內不得參加投標或作為決標或分包廠商？

(A) 6 個月　　　　　(B) 1 年　　　　　(C) 2 年　　　　　(D) 3 年

【解析】政府採購法 103

廠商有查驗或驗收不合格情節重大之情形，且該廠商於機關通知日起前 5 年內被任一機關刊登 2 次。

（B）70.有關建築師法對於建築師開業及執行業務之相關規定，下列敘述何者錯誤？

(A)建築師在未領得開業證書前，不得執行業務

(B)建築師自行停止執業，應檢具開業證書，向中央主管機關申請註銷開業證書

(C)建築師受委託辦理業務，其工作範圍及應收酬金，應與委託人於事前訂立書面契約，共同遵守

(D)建築師對於公共安全、社會福利及預防災害等有關建築事項，經主管機關之指定，應襄助辦理

【解析】(A)建築師法§9

建築師在未領得開業證書前，不得執行業務。

(B)建築師法§13

建築師自行停止執業，應檢具開業證書，向原登記主管機關申請註銷開業證書。

(C)建築師法§22

建築師受委託辦理業務，其工作範圍及應收酬金，應與委託人於事前訂立書面契約，共同遵守。

(D)建築師法§24

建築師對於公共安全、社會福利及預防災害等有關建築事項，經主管機關之指定，應襄助辦理。

（D）71.依建築物無障礙設施設計規範有關室外通路之規定，下列敘述何者錯誤？

（A）室外通路寬度不得小於 130 公分；但適用獨棟或連棟建築物時，其通路寬度不得小於 90 公分

（B）室外通路應考慮排水，洩水坡度為 1/100 至 1/50

（C）室外通路寬度 130 公分範圍內，儘量不設置水溝格柵或其他開口，如需設置，水溝格柵或其他開口應至少有一方向開口不得大於 1.3 公分

（D）室外通路如為必要設置之突出物，應設置警示設施

【解析】建築物無障礙設施設計規範

（A）203.2.3 室外通路寬度：室外通路寬度不得小於 130 公分；但適用本規範 202.4（獨棟或連棟建築物之特別規定）者，其通路寬度不得小於 90 公分。

（B）203.2.4 室外通路排水：室外通路應考慮排水，洩水坡度為 1/100 至 1/50。

（C）203.2.5 室外通路開口：室外通路寬度 130 公分範圍內，儘量不設置水溝格柵或其他開口，如需設置，水溝格柵或其他開口應至少有一方向開口不得大於 1.3 公分。

（D）203.2.6 室外通路突出物限制：室外通路淨高度不得小於 200 公分，於距地面 60 公分至 200 公分範圍內，不得有 10 公分以上之懸空突出物，如為必要設置之突出物，應設置防護設施（可使用格柵、花台或任何可提醒視覺障礙者之設施）。

（A）72.依建築物無障礙設施設計規範有關無障礙樓梯之規定，下列敘述何者錯誤？

（A）得設置梯級間無垂直板之露空式樓梯

（B）樓梯底版距其直下方地板面淨高未達 190 公分部分應設防護設施

（C）樓梯梯級鼻端至樓梯間過梁之垂直淨高不得小於 190 公分

（D）樓梯上所有梯級之級高及級深應統一，級高（R）應為 16 公分以下，級深（T）應為 26 公分以上，且 55 公分≦2R+T≦65 公分

【解析】（A）302.1 樓梯型式：不得設置梯級間無垂直板之露空式樓梯。

（B）303.1 樓梯底版高度：樓梯底版距其直下方地板面淨高未達 190 公分部分應設防護設施。

（C）303.2 樓梯轉折設計：樓梯往上之梯級部分,起始之梯級應退至少一階。但扶手符合平順轉折，且平台寬、深度符合規定者，不在此限。樓梯梯級鼻端至樓梯間過梁之垂直淨高應不得小於 190 公分。

（D）304.1 級高及級深：樓梯上所有梯級之級高及級深應統一，級高（R）

應為 16 公分以下，級深（T）應為 26 公分以上，且 55 公分 $\leq$ 2R＋T $\leq$ 65 公分。

（B）73.依建築物無障礙設施設計規範有關無障礙昇降設備之規定，下列敘述何者錯誤？

(A)主要入口樓層之昇降機應設置無障礙標誌

(B)無障礙昇降設備之無障礙標誌，其下緣應距地板面 180 公分至 210 公分

(C)如主要通路走廊與昇降機開門方向平行，則應另設置垂直於牆面之無障礙標誌

(D)昇降機出入口之樓地板應無高差，並留設直徑 150 公分以上且坡度不得大於 1/50 之淨空間

【解析】(A)(B)(C) 403.3 主要入口樓層標誌：主要入口樓層之昇降機應設置無障礙標誌，其下緣應距地板面 190 公分至 220 公分，長、寬尺寸不得小於 15 公分。如主要通路走廊與昇降機開門方向平行，則應另設置垂直於牆面之無障礙標誌。

(D)404.1 迴轉空間：昇降機出入口之樓地板應無高差，並留設直徑 150 公分以上且坡度不得大於 1/50 之淨空間。

（A）74.依建築物無障礙設施設計規範有關無障礙廁所盥洗室之規定，下列敘述何者錯誤？

(A)無障礙廁所盥洗室之止水，不得採用截水溝

(B)無障礙廁所盥洗室與一般廁所相同，應於適當處設置廁所位置指示

(C)無障礙廁所盥洗室前牆壁或門上應設置無障礙標誌

(D)無障礙廁所盥洗室開門方向如與主要通路走廊平行，則應另設置垂直於牆壁之無障礙標誌

【解析】建築物無障礙設施設計規範

(A)502.3 高差：由無障礙通路進入無障礙廁所盥洗室不得有高差，**止水得採用截水溝**，水溝格柵或其他開口應至少有一方向開口小於 1.3 公分。

(B)503.1 入口引導：無障礙廁所盥洗室與一般廁所相同，**應於適當處設置廁所位置指示**，如無障礙廁所盥洗室未設置於一般廁所附近，應於一般廁所處及沿路轉彎處設置方向指示。

(C)(D)503.2 標誌：無障礙廁所盥洗室前牆壁或門上應**設置無障礙標誌**。如主要通路走廊與廁所盥洗室開門方向平行，則應另設置**垂直於牆面之無障礙標誌**。

（A）75.依建築物無障礙設施設計規範規定，有關無障礙輪椅觀眾席位地面有高差且無適當阻隔者之防護設施，下列敘述何者正確？

(A)應設置高度 5 公分以上之邊緣防護與高度 75 公分之防護設施

(B)應設置高度 10 公分以上之邊緣防護與高度 80 公分之防護設施

(C)應設置高度 15 公分以上之邊緣防護與高度 85 公分之防護設施

(D)應設置高度 20 公分以上之邊緣防護與高度 90 公分之防護設施

【解析】建築物無障礙設施設計規範

704.5 防護設施：席位地面有高差且無適當阻隔者，應設置高度 5 公分以上之邊緣防護與高度 75 公分之防護設施。

（B）76.依建築物無障礙設施設計規範有關無障礙停車空間之停車格線劃設規定，下列敘述何者錯誤？

(A)停車格線之顏色應與地面具有辨識之反差效果

(B)停車位地面標誌圖尺寸應為長、寬各 80 公分以上

(C)下車區斜線間淨距離為 40 公分以下

(D)下車區斜線之標線寬度為 10 公分

【解析】建築物無障礙設施設計規範

(A)803.3 地面標誌：停車位地面上應設置無障礙停車位標誌，標誌圖尺寸應為長、寬各 90 公分以上，停車格線之顏色應與地面具有辨識之反差效果，下車區應以斜線及直線予以區別

(B)805.1 停車位：機車位長度不得小於 220 公分，寬度不得小於 225 公分，停車位地面上應設置無障礙停車位標誌，標誌圖尺寸應為長、寬各 90 公分以上

(C)(D)803.4 停車格線：停車格線之顏色應與地面具有辨識之反差效果，下車區應以斜線及直線予以區別；下車區斜線間淨距離為 40 公分以下，標線寬度為 10 公分。

（D）77.依建築物無障礙設施設計規範有關無障礙客房之規定，下列敘述何者錯誤？

(A)無障礙客房內通路寬度不得小於 120 公分

(B)無障礙客房內通路之床間淨寬度不得小於 90 公分

(C)無障礙客房使用之電器插座及開關，應設置於距地板面高 70 公分至 100 公分範圍內，設置位置應距柱、牆角 30 公分以上

(D)無障礙客房之室內求助鈴，應至少設置 1 處

【解析】建築物無障礙設施設計規範

(A)(B)1004.1 客房內通路：客房內通路寬度不得小於 120 公分，床間淨寬度不得小於 90 公分。

(C)1004.3 供房客使用之電器插座及開關：應設置於距地板面高 70 公分至

100 公分範圍內，設置位置應距柱、牆角 30 公分以上。

(D)1005.1 客房內求助鈴位置：應至少設置 2 處，1 處按鍵中心點設置於距
地板面 90 公分至 120 公分範圍內；另設置 1 處可供跌倒後使用之求助
鈴，按鍵中心點距地板面 15 公分至 25 公分範圍內，且應明確標示，易
於操控。

（C）78.依都市危險及老舊建築物建築容積獎勵辦法規定，重建計畫範圍內建築基地面積達
500 平方公尺以上者，取得銀級候選等級智慧建築證書之容積獎勵額度為基準容積
百分之幾？

(A) 10 　　　　　 (B) 8 　　　　　 (C) 6 　　　　　 (D) 4

【解析】都市危險及老舊建築物建築容積獎勵辦法§8

取得候選等級智慧建築證書之容積獎勵額度，規定如下：

一、鑽石級：基準容積百分之十。

二、黃金級：基準容積百分之八。

三、銀級：基準容積百分之六。

四、銅級：基準容積百分之四。

五、合格級：基準容積百分之二。

（B）79.依都市危險及老舊建築物建築容積獎勵辦法規定，重建計畫範圍內原建築基地之原
建築容積高於基準容積者，其容積獎勵額度為原建築基地之基準容積百分之幾，或
依原建築容積建築？

(A) 5 　　　　　 (B) 10 　　　　　 (C) 15 　　　　　 (D) 20

【解析】都市危險及老舊建築物建築容積獎勵辦法§3

重建計畫範圍內原建築基地之原建築容積高於基準容積者，其**容積獎勵額
度為原建築基地之基準容積百分之十**，或依原建築容積建築。

（C）80.依農業用地興建農舍辦法之規定，除離島地區外，申請興建農舍之農業用地，其農
舍用地面積最多不得超過該農業用地面積百分之幾？

(A) 5 　　　　　 (B) 8 　　　　　 (C) 10 　　　　　 (D) 15

【解析】農業用地興建農舍辦法§9

三、申請興建農舍之農業用地，其農舍用地面積不得超過該農業用地面積
百分之十，扣除農舍用地面積後，供農業生產使用部分之農業經營用
地應為完整區塊，且其面積不得低於該農業用地面積百分之九十。

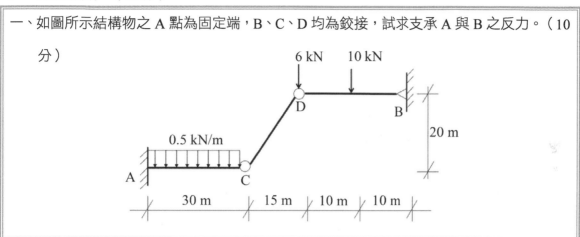

甲、申論題部分：（40 分）

一、如圖所示結構物之 A 點為固定端，B、C、D 均為鉸接，試求支承 A 與 B 之反力。（10 分）

參考題解

（一）切開 D 點，取出 DB 自由體進行平衡分析

$$\sum M_D = 0 , \ 10 \times 10 - R_B \times 20 = 0$$

$$\Rightarrow R_B = 5KN(\uparrow)$$

（二）整體垂直力平衡：$\sum F_y = 0$

$$R_A + \cancel{R_B}^{5} = 6 + 10 + 0.5 \times 30$$

$$\Rightarrow R_A = 26 \ kN (\uparrow)$$

（三）切開 C 點，取出 AC 自由體對 C 點取力矩平衡：$\sum M_C = 0$

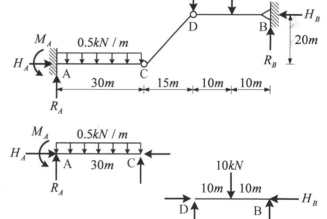

$$\cancel{R_A}^{26} \times 30 = (0.5 \times 30) \times 15 + M_A \ \Rightarrow M_A = 555 kN-m (\curvearrowleft)$$

（四）整體結構對 A 點取力矩平衡

$$\sum M_A = 0 , \ (0.5 \times 30) \times 15 + 6 \times 45 + 10 \times 55 = \cancel{R_B}^{5} \times 65 + H_B \times 20 + \cancel{M_A}^{555}$$

$$\therefore H_B = 8.25 \ kN (\leftarrow)$$

（五）整體結構水平力平衡：$\sum F_x = 0$ ，$H_A = \cancel{H_B}^{8.25} \ \Rightarrow H_A = 8.25 \ kN (\rightarrow)$

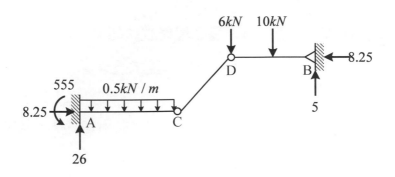

二、請試回答下列問題：

　　（一）建築結構與構件，承受何種載重時，屬於「反覆載重」狀況？又承受何種載重
　　　　　時，屬於「疲勞載重」狀況？（請各舉一個例子說明）（10 分）

　　（二）並請分別說明以上二例子中，構件結構行為與設計時應考慮之要件。（10 分）

參考題解

（一）1. 反覆載重，作用力的大小或方向隨時間做規則或不規則性的改變，若短時間內改變
　　　　 其大小或方向，結構可能依其勁度或自然週期的不同而作動態反應，產生較大的應
　　　　 變率，如受地震力作用。

　　　2. 疲勞載重，當構件（或材料）受到長時間高頻率的較大應力差及反覆次數多之載重，
　　　　 致使抵抗外力能力顯著降低，甚至構材在短時間發生斷裂。而一般建築結構設計所
　　　　 採用之地震力或風力，其載重往復改變之次數不多且頻率較低，通常不需考慮疲勞
　　　　 問題，常見疲勞載重為承載機械設備之結構或供吊車行走之軌道，因經常承受往復
　　　　 載重，設計時應適當考慮疲勞之問題。

（二）1. 以地震力而言，建築結構及構件受地震力之短時間的反覆載重，形成動態效應，其
　　　　 結構行為和眾多因素相關，如地震震源特性、傳播介質、建築物場地條件及建築物
　　　　 本身結構特性等因素，皆需加以考量設計，需依耐震規範進行檢討設計。

　　　2. 以建築中承載機械設備之結構來看，構件在疲勞載重下可能形成突然的疲勞斷裂狀
　　　　 況，其破壞力學有別於一般傳統力學，其結構行為機制概略係疲勞載重作用下，於
　　　　 材料的應力集中處（通常為材料非均勻處或幾何形狀突然改變處）發生初始裂縫，
　　　　 由於微小裂縫形成，經一段時間的延伸，直至突然的斷裂，為一種脆性破壞，應為
　　　　 避免，其和反復作用之應力範圍（應力差值）、作用次數、作用時間等因素有關，
　　　　 依實際結構使用之各種可能狀況加以考慮並估算疲勞強度進行設計。

三、請説明鋼筋混凝土構造及鋼骨構造在施工整體效益上所需要考慮的因素。（10分）

參考題解

建築物興建工程不管採用何種構造型式，施工上主要達成品質如式、進度如期、造價如度等目標，亦為在施工整體效益上需考量因素，因此，以施工而言，應依設計圖說之要求製作施工圖說，製作施工計畫詳予規劃及檢討施工程序與施工安全，製作品質計畫針對施工品質進行要求、管制及檢驗，以達成施工整體上之效益。

若分別以鋼筋混凝土構造及鋼骨構造之特性在施工整體效益上所考慮的因素來看：

（一）RC 構造：混凝土材料、配比、產製輸送、澆置、養護、表面修補、修飾等，鋼筋材料、加工、續接、排置等，模版材料、支撐設計、組立、面處理、檢查、拆模、再撐等，品質管制、檢驗及查驗、品質評定及驗收作業等。

（二）鋼骨構造：材料規定、製作、銲接施工、螺栓接合、預裝、表面處理及塗裝、儲放與成品運輸、安裝及精度、埋設鐵件及支座設施、臨時支撐與安全措施、品質管制及工程驗收等。

乙、測驗題部分：（60分）

（B）1. 某材料應力與應變關係如圖所示，試問其彈性模數為何？

　　(A) 25 GPa　　　　(B) 50 GPa　　　　(C) 150 MPa　　　　(D) 250 Mpa

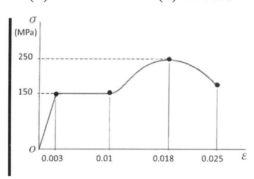

【解析】$E = \dfrac{150}{0.003} = 50 \times 10^3\ MPa = 50 GPa$

（A）2. 有關高樓建築結構系統之特性，下列敘述何者正確？

(A)高樓建築之水平基本振動週期，一般高於低矮建築物

(B)高樓建築宜往上逐層提升各層樓板面積，以提升結構系統穩定性

(C)高樓建築水平載重必為地震控制

(D)相較密柱構成之筒狀結構（Tube System），以承重牆系統（Load-Bearing-Wall System）進行高樓建築耐震設計較為經濟

【解析】依耐震規範建築物基本振動週期之經驗公式來看，建築物高度為評估水平振動週期的重要因素，高度越高週期越大，當然還有其他因素影響，惟已可大致判斷選項(A)之敘述尚為正確。

水平力對建築物底部造成較大的傾覆力矩，尤其高樓建築對於水平荷載隨高度增加而引起的效應顯著，故底部應為較大面積，以提升結構系統穩定性，選項(B)錯誤。

高樓建築水平載重亦有可能由風力控制，選項(C)錯誤。

高樓建築受水平力作用時，側移中之整體彎曲變形比例提高佔重要一部分，將建築物外側的柱距與梁距縮小，形成一立體的筒狀結構，為一種有效提高抗側移勁度之結構形式，而承重牆系統以剪力牆或斜撐構架抵禦地震力者，具有較大的抗剪切側移勁度，對於高樓建築相對筒狀結構而言，通常為較不經濟的作法，選項(D)為錯誤。

（A）3. 下列混凝土抗壓強度：甲、3000 psi，乙、280 kgf/cm^2，丙、30 MPa，丁、35 N/mm^2，其大小順序為何？

(A)甲＜乙＜丙＜丁 (B)丙＜甲＜乙＜丁 (C)乙＜丁＜丙＜甲 (D)丙＜乙＜丁＜甲

【解析】甲：$3000\,psi = 210\,kgf/cm^2 = 210 \times 9.81\,N/(10mm)^2 = 20.601\,N/mm^2$

乙：$280\,kgf/cm^2 = 280 \times 9.81\,N/(10mm)^2 = 27.468\,N/mm^2$

丙：$30MPa = 30\,N/mm^2$

丁：$35\,N/mm^2$

（D）4. 關於結構設計時之靜載重 D 與活載重 L，下列敘述何者錯誤？

(A)以載重因數（Load factor）反映載重的不確定性

(B)設計檢討載重組合中，D 靜載重之載重因數可小於 1

(C)活載重 L 的變異性較高

(D)基本載重組合包括：1.6 D＋1.2 L

【解析】依據混凝土結構設計規範 2.4.1 說明，載重因數之設定受在結構物上長期

承受各種使用載重是否能準確估算及其變動可能性的影響。例如靜載重即
較活載重易為精確估算，故靜載重之載重因數低於活載重之載重因數，規
範所訂之各種載重因數設定組合係考慮在一般情況下是否可能同時發生
之機率，分析時要注意載重組合中之符號，某一荷重可能產生與另一荷重
相反之影響，例如含有 0.9D 之組合就因較高之靜重會減低其他載重之影
響，可判斷(A)、(B)、(C)為正確，而依前開靜載及活載之載重因數概念可
以判斷，選項(D)為錯誤，正確應為 1.2D+1.6L。

（B）5. 關於薄殼結構，下列敘述何者正確？

(A)所有薄殼均可展開　　　　　　　(B)圓筒狀薄殼之切面曲率可以為零

(C)雙曲拋物面薄殼無法以直線構成　(D)圓球薄殼之緯度纖維均受壓應力

【解析】薄殼可分成非展開型及展開型；雙曲拋物面殼可由直線動線構成之形式；
圓球薄殼受均布載作用時，可分上部水平壓力環與下部水平張力環，選項
(A)、(C)、(D)錯誤。圓筒薄殼切面可為直線，即曲率為零，選項(B)正確。

（D）6. 關於薄膜、纜索、與拱結構系統之敘述，下列何者錯誤？

(A)此三者皆屬於型抗結構系統

(B)此三者皆適合使用於有大跨度空間需求的場合

(C)薄膜結構系統的設計原則是使其表面（在兩個互相垂直方向）形成兩個方向相反
的拋物線

(D)在只考慮自重的情況下，拱結構的形狀如果呈完整半圓，其材料使用效率最佳

【解析】拱結構在僅有自重的情況下，拱形為懸鏈線（垂曲線）時其截面全斷面受
壓，為材料使用效率最佳，選項(D)錯誤。其餘選項敘述尚為正確。

（D）7. 下圖為一鋼結構的梁柱接頭所使用鋼材之拉力試驗結果，於 C 點發生材料斷裂，下
列敘述何者正確？

(A)AB 兩點的應力差異越小越好

(B)C 點的應變與 A 點越接近，耗能能力越佳

(C) 測試件斷裂後長度除上原來長度為伸長率

(D)C 點的應變越大延性越佳

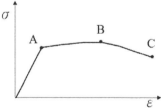

【解析】(A)AB 兩點應力差異越**大**越好

(B)C 點的應變與 A 點越**遠**，耗能能力越佳

(C)  $\dfrac{斷裂後長度 - 原長}{原長} = 伸長率$

（C）8. 有關一般混凝土材料的敘述，下列何者正確？

（A)水灰比越大抗壓強度越大 　　　　　(B)澆置 7 天後約可得 28 天強度 90%

（C)強度越高混凝土破壞越偏向脆性 　　(D)相較於鋼材，混凝土潛變不明顯

【解析】(A)水灰比越大，強度越低

　　　　(B)澆置 7 天後強度約為 28 天強度的 60%~70%

　　　　(D)混凝土的潛變比鋼材**明顯**

（C）9. 有一長度為 L，直徑為 d 之圓桿，彈性模數為 E，波松比（Poisson's ratio）為 v，受到軸向拉力 P，下列敘述何者正確？

（A)剪力彈性模數 G = E/(1+2v) 　　　　(B)直徑的變化量為 2vPd/EA

（C)體積改變量為(π/4d² LP(1-2v))/AE 　(D)體積減少

【解析】(A)$G = \dfrac{E}{2(1+v)}$

(B)軸向應變 $\varepsilon_x = \dfrac{\sigma}{E} = \dfrac{P}{EA}$（伸長）

根據波松比的定義：

$$v = -\frac{\text{與受力垂直向應變}}{\text{受力方向應變}} \Rightarrow v = -\frac{\text{徑向應變} \varepsilon_r}{\text{軸向應變} \varepsilon_x}$$

$$\therefore \text{徑向應變} \varepsilon_r = -v \cdot \varepsilon_x = -v \cdot \frac{P}{EA}$$

$$\therefore \text{直徑變化量} = \varepsilon_r \cdot d = -v \cdot \frac{Pd}{EA}$$

(C)體積改變量

$$\text{體積變化率} e = \varepsilon_x + \varepsilon_r + \varepsilon_r = \varepsilon_x + 2\varepsilon_r = \frac{P}{EA} + 2\left(-v \cdot \frac{P}{EA}\right) = \frac{P(1-2v)}{EA}$$

$$\Delta V = V \times \text{體積變化率} e = \left(\frac{\pi d^2}{4} L\right) \frac{P(1-2v)}{EA}$$

(D)體積變化率 $e = \dfrac{P(1-2v)}{EA} \geq 0 \Rightarrow$ 體積增加（因為 $v \leq 0.5$）

（C）10.有關材料性質，下列敘述何者正確？

(A)一般金屬材料通常較非金屬材料容易產生潛變的現象

(B)金屬的疲勞現象與反覆次數有關，但與應力變動範圍無關

(C)材料承受反覆載重下時，外力與變形曲線所包圍的面積越大，表示材料具有較高的阻尼比

(D)木材依據材料特性屬於等向性材料

【解析】(A)非金屬材料比較容易產生潛變現象

　　　　(B)金屬疲勞現象與應力變動範圍也有關聯

　　　　(D)木材為非等向性材料

（A）11.下列何者不屬於形抗結構？

(A)斜交格子梁結構　(B)折版結構　　　　(C)薄殼結構　　　　(D)拱結構

【解析】靠改變形狀以增加強度而來抵抗外力（增加承受載重能力）的結構方式，稱為形抗結構，如摺版、纜索、拱、膜、薄殼之結構系統屬之。格子梁為雙向度梁結構，讓載重沿雙向梁分散傳遞，不屬於形抗結構，故選(A)。

（A）12.在結構系統的規劃上，下列敘述何者錯誤？

(A)應避免結構物兩主向採取不同的結構系統

(B)應避免結構系統有軟弱樓層產生

(C)結構物不論高低，都有可能風力高於地震力

(D)建築物設計時，可能因層間位移角的限制而控制結構設計

【解析】一般建築結構通常分別針對兩主向結構行為進行檢討及設計，兩主向可能有不同的結構行為差異及抵抗外力需求，可採不同結構系統設計以為因應，選項(A)敘述錯誤。其餘選項敘述尚為正確。

（A）13.柱 1、柱 2、柱 3 之長度、材料、斷面均同，其最小挫屈載重分別為 P_1、P_2、P_3，則：

柱1　　　　柱2　　　　柱3

(A) $P_3 > P_1 > P_2$　　　　(B) $P_1 > P_2 > P_3$　　　　(C) $P_2 > P_1 > P_3$　　　　(D) $P_3 > P_2 > P_1$

【解析】柱 1：$P_{cr} = \dfrac{\pi^2 EI}{L^2}$　　　柱 2：$P_{cr} = \dfrac{\pi^2 EI}{(2L)^2}$　　　柱 3：$P_{cr} = \dfrac{\pi^2 EI}{(0.7L)^2}$

（D）14.關於木質構造，下列敘述何者錯誤？

(A)需考量潛變造成之影響

(B)垂直纖維方向之壓陷（壓縮）具有韌性行為

(C)可藉由節點處之接合扣件（如：螺栓）提升結構系統的韌性

(D)木料強度隨著其含水率減少而減低

【解析】依木構造規範 4.2.3 規定，結構用木材應採用乾燥木材，平均含水率在 19% 以下，另 4.3.4 規定，經常在濕潤狀態者容許應力會降低，故選項(D)明顯 錯誤。

（B）15.近年在房屋結構之耐震設計，相當關注近斷層地震對地表振動之影響，下列敘述何 者錯誤？

(A)地表振動強度與斷層之指向性（Forward directivity）有關

(B)在斷層平行方向（Fault parallel）較易觀察到最大地表加速度與速度（PGA, PGV）

(C)經常會伴隨一永久地表位移（Fling step）

(D)常可見明顯速度脈衝（Velocity pulse）

【解析】當斷層錯動時造成之地震，對於鄰近斷層處，在極短時間內，地表朝單一 方向產生大幅度位移，往返運動情況不明顯，地表產生較大之永久位移， 而建築物無法藉由左右擺動過程消散地震能量，受損程度較高，可判斷選 項(A)、(C)、(D)正確，因係斷層兩側造成大位移，故較易觀察到 PGA、PGV 應為斷層垂直方向，而非平行方向，選項(B)錯誤。

（B）16.關於柱子的挫屈（buckling）破壞與臨界負載（critical load）之敘述，下列何者正確？

(A)挫屈破壞是一種漸進式破壞，可透過肉眼觀察柱身裂縫增生展延的狀況而獲得預 警

(B)挫屈破壞是因為構件本身不穩定而造成的結構失效

(C)柱子因軸壓力引起的應力超過其材料強度而發生破壞時之負載，稱為臨界負載

(D)鋼筋混凝土柱內若綁紮足量之橫向閉合箍筋，則在地震中即使柱子上下兩端形成 塑性鉸，但因橫向鋼筋的圍束作用，臨界負載不會產生太大變動

【解析】(A)挫屈為**無預警**地破壞。

(C) 因軸壓力引起的應力超過「臨界應力」，而發生破壞時之負載，成為臨 界負載。

(D)當柱端形成塑性鉸後，柱端的束制性會改變，因此臨界負載P_{cr}會產生變 動。

（D）17.關於在既有建築物的屋頂施做綠化工程前的考量，下列敘述何者正確？

(A)覆土深度不應超過樓地板厚度

(B)綠化工程依植栽種類而有不同工法。若僅打算以草本植物進行屋頂綠化，則可用磚、石材料先圍出植栽預定區，然後將覆土直接填入、覆蓋於屋頂上，最後再植入植物

(C)進行結構評估時，僅需考慮的額外載重為植栽、覆土與建材的重量

(D)屋頂綠化可能會改變建築物在地震時的結構振動反應

【解析】綠屋頂可分為不同形式，如粗放型、密集型，覆土深度並因應種植草地、喬木、灌木等不同需求調整，有時可能需 30cm 以上，選項(A)有誤。綠屋頂設置要確保建築屋頂結構安全，要考慮包括防水、排水、過濾、防根、生長介質和植物等，選項(B)不算正確。綠屋頂載重需考慮設置的一層層構造物，選項(C)敘述寫僅需考慮似有討論空間。綠屋頂可能顯著增加屋頂層質量，而建築物地震時振動反應和各層質量分布有關，選項(D)敘述尚為正確。

（C）18.下圖為一遮陽棚的結構示意圖。該遮陽棚的水平遮陽板與垂直結構柱之間並未進行任何固定，且兩者接觸面間的摩擦力可忽略。水平遮陽板為均質材料所製，其質心可假設位於斷面的正中央處；纜索的重量則可忽略不計。關於此遮陽棚結構，下列敘述何者正確？

(A)此結構為靜不定結構

(B)此結構為內部不穩定結構

(C)在僅考慮水平遮陽板自重而無其他外力的情況下，則較長的纜索（i）內的拉力將會是 0

(D)外力作用下，較短纜索（ii）內的拉力與較長纜索（i）內的拉力永遠維持 2：1

【解析】

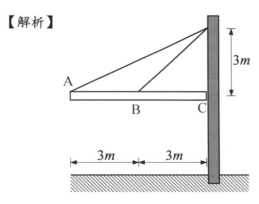

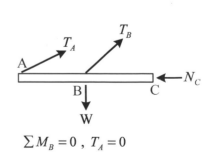

$$\sum M_B = 0 \,, \, T_A = 0$$

（B）19.關於無梁版（flat slab）結構系統，下列敘述何者錯誤？

　　(A)無梁版與柱子交接處必須設置柱帽（柱冠）或剪力接頭

　　(B)無梁版系統的重量較輕，其耐震性能僅略差於抗彎矩構架（moment-resisting frame）系統

　　(C)採用無梁版系統可獲得較大的樓層高度並縮短施工期

　　(D)採用無梁版系統時，柱子的位置只要上下樓層有對齊就好，在平面上並不需要排成一線

　　【解析】抗彎矩構架系統係具有完整之立體構架承擔垂直載重，並以抗彎矩構架抵禦地震力，即以梁柱節點採剛接結合形成完整立體剛構架，形成整體共同抵抗垂直及水平載重，並以強柱弱梁的韌性設計概念，讓梁桿件在大地震時順利產生塑鉸以達消能抗震效果，而無梁版沒有設置梁，不能均勻且有效的吸收地震能量，故較不適合用於耐震設計，較可能採用於地下室結構或建築局部區域使用，選項(B)敘述有誤。其餘選項無明顯錯誤。

（C）20.等跨長之連續梁受圖示向下等值均佈載重，下列那一種載重分布的第三跨梁中央 C 點之正彎矩值最大？

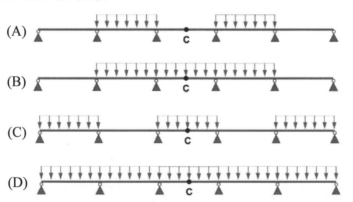

　　【解析】C點之**彎矩影響線**如下圖所示，將載重佈滿正彎矩區間（如圖中所示位置），可得正彎矩最大值

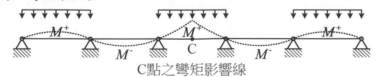

C點之彎矩影響線

（B）21.下圖之實線為混凝土的應力-應變曲線，圖中 A 線為
通過原點的初始切線剛度，B、C、D 分別為原點通
過圖示特定點之割線剛度。就混凝土結構設計規範
的定義，混凝土之彈性模數是以那一條線為代表？

(A) A 線　　　　　　(B) B 線

(C) C 線　　　　　　(D) D 線

【解析】混凝土的彈性模數為通過原點的割線剛
度，其上限約在範圍約在 $0.45 f'_c$ 左右，因此選(B)。

（A）22.有關建築物耐風設計規範的要求，下列敘述何者錯誤？

(A)基本設計風速是以地況 C 之地況上，離地面達梯度高度處，相對於 50 年回歸期
之 10 分鐘平均風速

(B)建築物設計風力應考慮順風向風力、橫風向風力與扭矩的共同作用

(C)在回歸期為 50 年的風力作用下，建築物層間變位角不得超過 5/1000

(D)在回歸期為半年的風力作用下，建築物最高居室樓層角隅之側向振動尖峰加速度
值不得超過 0.05m/s²

【解析】耐風規範所訂基本設計風速$V_{10}(C)$為在地況 C 之地況上，離地面 10 公尺
高，相對於 50 年回歸期之 10 分鐘平均風速，其離地面達梯度高度(z_g)的
敘述有誤，故選項(A)錯誤。

（D）23.受均佈載重 w 之梁結構如下圖所示，A 為鉸支承（hinge），B 為滾動支承（roller），
下列敘述何者正確？

(A)靜不定結構，AB 梁段出現向上位移變形且 B 支承無轉角變形

(B)A 支承無轉角變形並出現向上支承反力

(C)B 支承有轉角變形並出現向下支承反力

(D)B 支承反力之絕對值大於 A 支承反力之絕對值

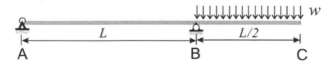

【解析】(A)為靜定結構，B 支承有轉角變形

(B)A 支承有轉角變形並出現向
下反力

(C) B 支承出現向上反力

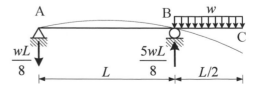

（#）24. 如圖所示桿件受軸向外力作用，$F_1 = 100$ kN，$F_2 = 500$ kN，則 A、B 處反力大小為

何？【一律給分】

(A) $R_A = 250$ kN, $R_B = 350$ kN　　　　(B) $R_A = 270$ kN, $R_B = 330$ kN

(C) $R_A = 290$ kN, $R_B = 310$ kN　　　　(D) $R_A = 350$ kN, $R_B = 250$ kN

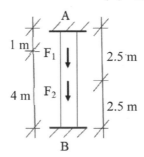

【解析】無解

$$R_A = 500 \times \frac{1}{2} + 100 \times \frac{4}{5} = 330 \, kN (\uparrow) \qquad R_B = 500 \times \frac{1}{2} + 100 \times \frac{1}{5} = 270 \, kN (\uparrow)$$

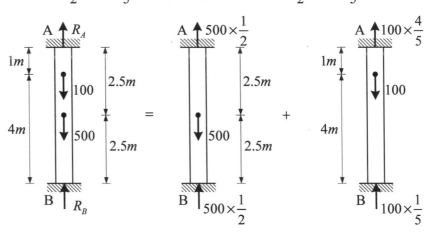

（C）25. 三層構架如圖所示，假設質量僅分布於梁構件，那些變更會延長其基本振動週期？

①增加柱斷面 I 值　②降低材料 E 值　③提升 1F 柱之長度 L1　④降低 3F 重量 M3

(A)②④　　　　(B)①④　　　　(C)②③　　　　(D)①③

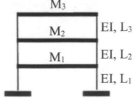

【解析】簡化用單層單自由度構架計算基本振動週期的概念來看，$T = 2\pi\sqrt{\dfrac{M}{K}}$，$K \propto$

$\dfrac{EI}{L^3}$，可初步判斷 M 增加、L 增加及 EI 減小可延長 T，故選(C)。

（D）26.試分析下圖桁架結構，下列選項何者正確（T 為張力，C 為壓力）？

(A) $F_{BG} = 2$ N（T）

(B) $A_Y = 133.3$ N（up）

(C) $F_{DE} = 643$ N（T）

(D) $F_{DC} = 666.7$ N（T）

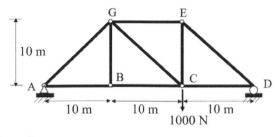

【解析】(A) $F_{BG} = 0$

(B) $A_y = 333.3N$

(C) $F_{DE} = 943N$

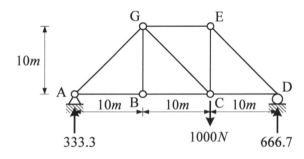

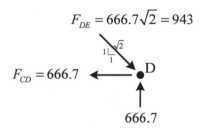

$$F_{DE} = 666.7\sqrt{2} = 943$$

$$F_{CD} = 666.7$$

（D）27.一桁架之載重如下圖所示，下列敘述何者錯誤？

(A) 此桁架為靜定桁架

(B) AB、BD 以及 EF 桿件的內力為 0

(C) AC 桿件的內力為 30 Kn

(D) AD 桿件的內力為 40 kN

【解析】AD 桿件的內力為大小為 $50kN$

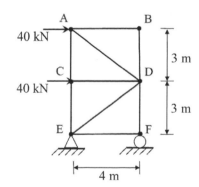

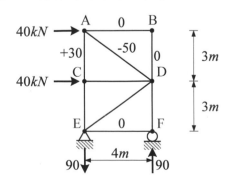

（B）28.一桁架之載重及桿件尺寸如圖所示，每根桿件之軸向剛度（AE）值均相同，此桁架於 A 點之水平變位△為何？

(A) 19 PL/AE　　　　(B) 38 PL/AE　　　　(C) 57 PL/AE　　　　(D) 76 PL/AE

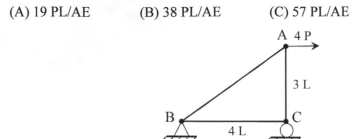

【解析】

桿件	n	N	L	$\sum nNL$
AB	5/4	5P	5L	125PL/4
AC	-3/4	-3P	3L	27PL/4
BC	0	0	4L	0
$\sum$				152PL/4

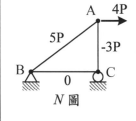

N 圖

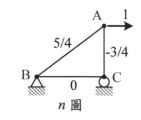

n 圖

$$1 \cdot \Delta A_H = \sum n \frac{NL}{EA} = \frac{152PL}{4} \frac{1}{EA} = 38 \frac{PL}{EA}$$

（C）29.如下圖所示之 4 個靜不定剛構架（rigid frame），撓曲剛度（EI）為定值，跨度為 L，高度為 L，各剛構架於不同位置設有鉸支承或鉸接點，且於 B 點承受不同大小之外力。下列那個剛構架於 C 點處承受最小的彎矩？

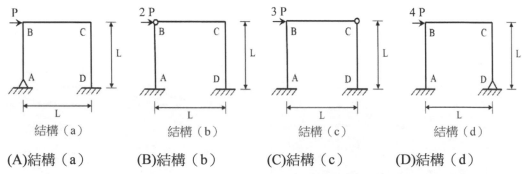

結構（a）　　　　結構（b）　　　　結構（c）　　　　結構（d）

(A)結構（a）　　　(B)結構（b）　　　(C)結構（c）　　　(D)結構（d）

　　【解析】結構（c）的 C 點為內連接，該處不能承受彎矩（必為最小），彎矩為 0。

（D）30.四組鋼造構架經耐震設計如下圖所示，其門型框架與斜撐斷面均同，僅斜撐配置不同，其中桿件⑥為 BRB。若四組構架頂部受側力後位移均為△，下列敘述何者正確？

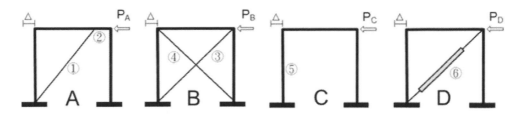

(A)若構架 B 桿件③發生挫屈，則該結構系統變為不穩定

(B) $P_B < P_A < P_C$

(C)四組構架頂部位移均為△，最可能發生挫屈之桿件為⑥

(D) $P_C < P_A < P_B$

【解析】相同△，較大的側移勁度所需之 P 力較大，側移勁度可概略判斷同心斜撐
　　　　大於偏心斜撐大於無斜撐，故側移勁度大小：圖 B>圖 A>圖 C，選項(D)為
　　　　正確，選項(B)錯誤。桿件⑥為 BRB，為挫屈束制斜撐，由側撐元件提供側
　　　　向支撐，防止主受力元件受壓挫屈，使其軸向強度與延展性有可發展的空
　　　　間，有效發揮鋼材的消能能力，簡言之為不會挫屈的斜撐，選項(C)有誤。
　　　　構架 B 為 5 次靜不定結構，若單純桿件③發生挫屈並不會造成系統變為不
　　　　穩定，選項(A)有誤。

（B）31.下列何者有利於鋼筋混凝土梁受彎之韌性行為？

(A)提高拉力鋼筋降伏強度　　　　　　(B)增加壓力鋼筋

(C)使斷面鋼筋比大於平衡鋼筋比　　　(D)增加拉力鋼筋

【解析】RC 梁受彎時，隨彎矩增加，混凝土應變隨之增加，當壓力側最外圍混凝土
　　　　達到極限應變（規範規定 $\varepsilon_c = 0.003$）時，梁達到極限狀態而破壞，此時拉
　　　　力側鋼筋是否降伏的狀況形成不同的破壞模式，當拉力鋼筋亦洽達降伏應
　　　　力的狀況為平衡鋼筋比，當拉力鋼筋量較平衡鋼筋量少時為拉力破壞模式，
　　　　破壞時拉力鋼筋應變大於降伏應變，RC 梁破壞時會產生較大的變形，為
　　　　較具韌性的破壞行為，可知選項(C)錯誤，而其破壞機制發展概略為隨受彎
　　　　矩增大，拉力區混凝土首先產生裂縫，而至拉力鋼筋降伏，隨後裂縫漸漸
　　　　向壓力區發展，直至裂縫進入壓力區後導致混凝土受壓面積變小不能承受
　　　　壓力而壓碎破壞，其仍為混凝土壓碎而至破壞，而鋼筋之抗壓強度較混凝
　　　　土高，若在壓力區增加壓力鋼筋可增加抗壓能力，使受彎後之裂縫得更往
　　　　上延伸，延後混凝土壓碎，使 RC 梁可產生更大的變形，使梁斷面更具延
　　　　展性，故選項(B)正確。由破壞機制可知，(A)、(D)選項會讓 RC 梁失敗時，
　　　　拉力鋼筋較不易降伏及不能充分伸展（變形量變小），不利於發揮韌性。

（A）32.下列那一項不是橫向閉合箍筋在鋼筋混凝土柱中的作用？

(A)提供柱子的軸向抵抗力

(B)提供柱子的剪力抵抗

(C)改善柱子在地震中的韌性

(D)減低柱子內的鋼筋發生挫屈（buckling）破壞的機會

【解析】橫向閉合箍筋可協助柱斷面抗剪,避免脆性的剪力破壞,在柱承受高軸壓,外圍混凝土剝落時,對內部混凝土有圍束作用增加其承受載重強度,並可提供縱向鋼筋的支撐防止挫屈,但不能直接提供柱子軸向抵抗力,故選 A,其他選項尚屬正確。

（C）33.關於矩形斷面鋼筋混凝土簡支梁的設計與分析,下列敘述何者錯誤？

(A)若該簡支梁是單筋梁且符合混凝土結構設計規範,則在梁中段處提高斷面鋼筋比（其餘條件保持不變）,會導致破壞發生時梁中段處斷面的中性軸位置下降

(B)若該簡支梁是雙筋梁且符合混凝土結構設計規範,則在梁中段處斷面的受壓側提高鋼筋用量（其餘條件保持不變）,會導致破壞發生時梁中段處斷面的中性軸位置上升

(C)若簡支梁破壞時中段處斷面的中性軸位置越高,則其破壞模式會越接近脆性破壞

(D)簡支梁的極限彎矩強度不會因為梁的跨度增減而改變

【解析】RC 梁受彎作用,斷面上之拉、壓力平衡,當提高斷面鋼筋比（拉力鋼筋量）達極限狀態時,簡單來看壓力區混凝土需更多面積才能達力平衡,故中性軸位置會下降,選項(A)正確。而鋼筋之抗壓強度較混凝土高,若在壓力區增加壓力鋼筋可增加抗壓能力,達極限狀態時,壓力區混凝土可減少面積即可達力平衡,故中性軸位置會上升,選項(B)正確。中性軸位置變高表示 RC 梁受彎後之裂縫得更往上延伸,延後混凝土壓碎,使 RC 梁可產生更大的變形,使梁斷面更具延展性,故選項(C)錯誤。選項(D)敘述正確。

（C）34.鋼結構中構件斷面的結實性會影響梁或柱的極限狀態,下列敘述何者錯誤？

(A)結實斷面的肢材在發揮到極限強度時不會發生挫屈

(B)構件發生挫屈時半結實斷面可達 M_y 但無法到達 M_p

(C)斷面上有任一肢材屬細長肢材時,斷面為半結實斷面

(D)塑性設計斷面純受軸力下可達全斷面降伏

【解析】(C)任一肢材為細長肢時,該斷面稱為「細長肢」斷面。

（#）35.關於螺栓接合的相關敘述何者錯誤？【**答 B 或 D 或 BD 者均給分**】

(A)承壓型接合允許接合母材間發生相對滑動

(B)承壓型接合中的剪力面不通過螺栓螺紋區域

(C)摩阻型接合將摩擦力視作接合剪力強度

(D)摩阻型接合不須額外檢核螺栓鋼板間承壓強度

【解析】承壓型接合為鋼板與螺栓直接承壓，因此剪力面的位置直接影響強度，若剪力面在螺紋上會使其強度降低，故使剪力面不通過螺栓螺紋區域可得較高的極限強度且對造價並無影響，而摩阻型接合為利用螺栓鎖緊時之預張力在接合鋼板上產生壓力，利用其產生之摩擦力抵抗外力，可判斷選項(A)、(B)、(C)為正確。承壓型及摩阻型接合皆需檢核螺栓孔之承壓強度，故選項(D)錯誤。

（B）36.下列圖示之 A、B、C、D 為四種不同配筋量（超量、平衡、稍微低量、不足量配筋）的 RC 梁，承受垂直載重 P 與變形 Δ 之關係圖，下列敘述何者錯誤？

(A) A 為超量配筋，其抵抗外力之能力最佳

(B) B 為平衡配筋，其韌性最佳

(C) C 為稍微低量配筋，其吸收能量之能力最佳

(D) D 為不足量配筋，其破壞方式為脆性破壞

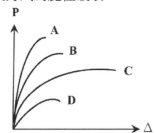

【解析】由 P-Δ 關係圖來看，C 破壞時的變形量最大，故以韌性來看，C 大於 B，選項(B)為錯誤。

（D）37.下列何項建築結構規劃較無法達到二氧化碳減量？

①結構合理化：避免平面不規則與立面不規則

②耐久性：建築耐震力符合耐震設計規範要求

③構造改變：建築主結構採磚石構造

④輕量化：以輕隔間牆做空間規劃

(A)②③   (B)②   (C)①④   (D)③

【解析】簡單判斷磚石材料力學性質較受限，當作為建築主結構時可能需要增加材料之使用，故③較無法達到二氧化碳減量，其他項目尚可，故選(D)。

（B）38.下列何種結構材料受潛變（creep）的影響最小？

    (A)鋼筋混凝土造   (B)鋼構造   (C)鋼骨鋼筋混凝土造   (D)木構造

    【解析】潛變為受長期負載，在應力未增加下，產生額外應變之情況，採用混凝土

            及木材作為結構材料時需加以考量（混凝土規範 2.11.2.5，木構造規範

            4.4.4），而鋼材則影響較小，故選(B)。

（A）39.下列那個結構系統最適合用於大型室內體育場館的屋頂結構？

    (A)拱結構   (B)無梁版結構

    (C)網格版（waffle slab）結構   (D)雙向版結構

    【解析】題目意指為大跨距結構，又為屋頂層，不用考慮上層的使用，選項(A)之拱

            結構為型抗結構之一種，可靠改變形狀以增加強度而來抵抗外力（增加承

            受載重能力），相較其他選項為最適合。

（A）40.關於隔震結構與耐震結構兩者之差異，下列敘述何者錯誤？

    (A)隔震結構完工後一勞永逸，不須定期檢查

    (B)相同建築規模及尺寸下，耐震結構的梁柱尺寸較大

    (C)相同地震下，耐震結構的標準層之層間變形較大

    (D)耐震結構施工較為單純

    【解析】隔震結構需額外設置隔震元件，並靠其發揮預期隔震效果，需定期檢查，

            尤其是地震過後，以確保功能，選項(A)敘述明顯有誤，其他選項敘述尚為

            正確。

（B）1. 鋁門窗的表面處理，下列那一種最耐候？

(A)陽極處理　　　　(B)氟碳烤漆　　　　(C)油性油漆　　　　(D)鋁本色

【解析】氟碳烤漆是建築中常見的塗料，具有耐侯力強、防蝕能力佳的特性，更可避免紫外線侵入，通常可以耐用 20 年以上。

（A）2. 關於具有 1 小時以上防火時效之牆壁，下列敘述何者錯誤？

(A)鋼筋混凝土造、鋼骨鋼筋混凝土造或鋼骨混凝土造厚度在 6 公分以上者

(B)鋼骨造而雙面覆以鐵絲網水泥粉刷，其單面厚度在 3 公分以上或雙面覆以磚、石或水泥空心磚，其單面厚度在 4 公分以上者

(C)磚、石造、無筋混凝土造或水泥空心磚造，其厚度在 7 公分以上者

(D)其他經中央主管建築機關認可具有同等以上之防火性能者

【解析】建築技術規則建築設計施工編§73

具有一小時以上防火時效之牆壁、樑、柱、樓地板，應依左列規定：

一、牆壁：（一）鋼筋混凝土造、鋼骨鋼筋混凝土造或鋼骨混凝土造厚度在七公分以上者。

（C）3. 有關建築外牆採光規定，下列敘述何者錯誤？

(A)建築物外牆依規定留設之採光用窗或開口應在有效採光範圍內

(B)外牆臨接道路或臨接深度 6 公尺以上之永久性空地者，免自境界線退縮，且開口應視為有效採光面積

(C)用天窗採光者，有效採光面積按其採光面積之 6 倍計算

(D)採光用窗或開口之外側設有寬度超過 2 公尺以上之陽臺或外廊（露臺除外），有效採光面積按其採光面積 70%計算

【解析】建築技術規則建築設計施工編§42

三、用天窗採光者，有效採光面積按其採光面積之三倍計算。

（A）4. 建築構造中所謂的止水帶應用於：

(A)結構體防止水進入建築內部　　　(B)防止排水管逆流

(C)屋頂防水　　　　　　　　　　　(D)門窗防水

【解析】止水帶的運作原理止水帶因柔軟堅韌的特性，可被埋設在混凝土當中，充當防水的防線。

（C）5. 有關防水之敘述，下列何者正確？

　　(A)屋簷的滴水槽設計是利用毛細管現象之防水原理

　　(B)設置減壓空間（等壓空間）是利用材料的氣密性來達成防水效果

　　(C)止水帶防水工法適合用於先後澆置混凝土的續接處

　　(D)雨天或下雪時屋頂防水還是可以施作

　　【解析】(A)滴水條最主要的功能就是排水、水切，破壞雨水、露水沿著屋頂、牆面

　　　　　　流下的路徑，將雨水排出，不是毛細管現象。

　　　　　　(B)設置減壓空間（等壓空間）是，利用加壓、減壓使室內與室外產生壓差

　　　　　　達到其效果。

　　　　　　(D)雨天或下雪時屋頂防水工法無法施作。

（B）6. 屋頂上往往設有眾多的建築設備和管線，下列四張照片中，何者較能維持屋頂防水
層的完整性？

　　(A)甲乙　　　　　　(B)甲丙　　　　　　(C)乙丙　　　　　　(D)丙丁

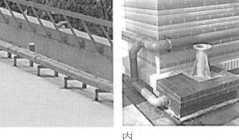

甲　　　　　　　　　乙　　　　　　　　　丙　　　　　　　　　丁

　　【解析】題目中的乙與丁的工法皆有穿版，相較於另外兩個比較不利防水。

（B）7. 有關常時關閉式之防火門之規定，下列敘述何者錯誤？

　　(A)免用鑰匙即可開啟，並應裝設經開啟後可自行關閉之裝置

　　(B)單一門扇面積不得超過 6 平方公尺

　　(C)不得裝設門止

　　(D)門扇或門樘上應標示常時關閉式防火門等文字

　　【解析】建築技術規則建築設計施工編§76

　　　　　　三、常時關閉式之防火門應依左列規定：

　　　　　　　　（一）免用鑰匙即可開啟，並應裝設經開啟後可自行關閉之裝置。

　　　　　　　　（二）單一門扇面積不得超過三平方公尺。

　　　　　　　　（三）不得裝設門止。

（A）8. 一般建材有瓷製品、石製品及陶製品，若以吸水率及燒成溫度來區分，下列何者正
確？

(A)吸水率：瓷製品＜石製品＜陶製品，燒成溫度：瓷製品＞石製品＞陶製品

(B)吸水率：石製品＜瓷製品＜陶製品，燒成溫度：石製品＞瓷製品＞陶製品

(C)吸水率：石製品＜瓷製品＜陶製品，燒成溫度：瓷製品＞石製品＞陶製品

(D)吸水率：瓷製品＜石製品＜陶製品，燒成溫度：石製品＞瓷製品＞陶製品

【解析】陶質磚為三種中吸水率最高的，燒製溫度多在 1,000 度上下，因為尚未「瓷化」所以密度也比較低，使用於室外則容易受到天候、氣溫、濕度等影響產生龜裂。石質磚的吸水率介於三種之中，其坯土需經過 1,100~1,200 度的高溫燒製，因而它的密度也較高一點，吸水率比陶質磚低了不少。

（B）9. 有關鋼構件上使用剪力釘之目的，下列敘述何者正確？

(A)協助將鋼承板固定於 H 型鋼梁上　　(B)增加鋼材與混凝土的握裹力

(C)提供鋼筋綁紮於鋼骨的接著點　　　(D)作為澆置樓板混凝土時之標高器

【解析】剪力釘係配合鋼骨結構、鋼模板、焊鋼網和水泥塑鑄，使用於高樓建築、橋梁及各種鋼骨結構物上，其為防止剪應力效應造成兩者互相滑動，提高強度，並能有效地使樓板與鋼樑接合成一體之一種機構。

（D）10.有關混凝土中性化之敘述，下列何者錯誤？

(A)中性化是指空氣中二氧化碳與混凝土中的氫氧化鈣作用,使混凝土酸鹼質從鹼性降為中性,導致鋼筋腐蝕

(B)混凝土中性化將使內部鋼筋生鏽膨脹,導致混凝土龜裂剝落

(C)水灰比小、孔隙少的混凝土因空氣不易侵入內部故中性化反應較慢

(D)設計較薄的保護層厚度搭配適當配比使混凝土緻密,能有效降低混凝土中性化的速度

【解析】混凝土中性化一般為較慢的化學反應，對於高品質的混凝土，水灰比小、混凝土較緻密，孔隙較少，空氣不易侵入內部，故中性化反應較慢，估計中性化反應速率每年約 1 mm 之深度；反之，水灰比大、孔隙多、強度較低的混凝土中性化則反應較快。與保護層厚度無關。

（D）11.某基地欲設計一建築物，下列規模何者不符合建築物磚構造設計及施工規範之規定？

(A)磚造，二層樓，建築物高度 9 公尺，簷高 7 公尺

(B)加強混凝土空心磚造，空心磚抗壓強度為 40 kgf/cm^2 時，二層樓，簷高 7 公尺

(C)加強磚造，三層樓，建築物高度 12 公尺，簷高 10 公尺

(D)加強混凝土空心磚造，空心磚抗壓強度為 80kgf/cm^2 時，四層樓，簷高 12 公尺

【解析】加強混凝土空心磚造，空心磚抗壓強度為 40 kgf/cm^2 時，二層樓，簷高 7 公尺，(D)錯誤。

（A）12.有關使用輸氣劑對混凝土材料性質之影響，下列敘述何者錯誤？

(A)增加混凝土強度　　　　　　　　(B)提供混凝土工作性

(C)減少材料分離　　　　　　　　　(D)增加抗凍性及耐久性

【解析】輸氣摻料是一種添加於水硬性水泥、水泥砂漿或水泥混凝土中，可以使其在拌和中產生直徑 1 mm 或更小之細小氣泡的摻料。通常可用以改善工作性、抗凍性及不透水性。與增加混凝土強度無關。

（D）13.常見運用在鋼材料防鏽的材料有那些？

①熱浸鍍鋅　②鋅粉漆　③粉底烤漆　④氟碳烤漆

(A)僅①②③　　　　(B)僅②④　　　　(C)僅③④　　　　(D)①②③④

【解析】常見運用在鋼材料防鏽的方法有：化成皮膜處理，塗料塗裝，有機及無機被覆，熱浸鍍，金屬熔射，電鍍，化學鍍，鈍化處理等。熱浸鍍鋅，鋅粉漆，粉底烤漆，氟碳烤漆都屬於鋼材料防鏽的方法。

（D）14.木材經乾燥處理後，其功能可以：

①呈現木紋增加美觀　②增加木材結構強度　③防止真菌生長　④減少白蟻攻擊

(A)僅①②③　　　　(B)僅①②④　　　　(C)僅③④　　　　(D)僅②③④

【解析】木材經乾燥處理後與呈現木紋增加美觀無關。

（C）15.有關木材的敘述，下列何者正確？

(A)使用時需要乾燥來降低完成後木料的收縮變形等,一般構造用木材含水率大約是乾燥至 40%~50%左右較合適

(B)受壓強度與木頭纖維的方向無關

(C)心材比邊材,乾燥後較不容易有收縮、翹曲的現象,耐久性較高,較不容易蟲害

(D)人工乾燥法中有浸水乾燥法與空氣乾燥法兩種

【解析】(A)構造材含水率應在 25%以下。

(B)如果接合在上下兩側，當木材承受壓力時會從木紋方向斷裂，但是如果接合在左右兩側，那麼壓力與纖維走向垂直，結構力量才是最大。

(D)人工乾燥法：人工提供熱源，利用空氣加熱乾燥。

（D）16.在一般混凝土施工時,水灰比與混凝土的強度及乾縮度之關聯,下列敘述何者正確？

(A)水灰比越大其強度越大、乾縮度越大　(B)水灰比越大其強度越小、乾縮度越小

(C)水灰比越大其強度越大、乾縮度越小　(D)水灰比越大其強度越小、乾縮度越大

【解析】水灰比是拌制水泥漿、砂漿、混凝土時所用的水和水泥的重量之比，水灰比愈大，水泥石中的孔隙愈多，強度愈低，與骨料粘結力也愈小，混凝土的強度就愈低。反之，水灰比愈小，混凝土的強度愈高。

（C）17.木絲水泥板為室內裝修材的一種，下列何項不是其特性？

(A)吸音　　　　　　(B)隔熱　　　　　　(C)調整濕度　　　　　(D)遮光

【解析】木絲水泥板特性：

吸音、隔音的效果非常好，並且同時具有水泥及木材的特性，十分耐用。
除了吸音效果好，木絲水泥板還具有耐潮、防火、防霉、無毒等多數特點，
選項(C)調整濕度不屬於材料特性的範疇。

（A）18.綠建材：指符合生態性、再生性、環保性、健康性及高性能之建材。下列敘述何者錯誤？

(A)生態性：運用人工材料，無匱乏疑慮，減少對於能源、資源之使用及對地球環境影響之性能

(B)再生性：符合建材基本材料性能及有害事業廢棄物限用規定，由廢棄材料回收再生產之性能

(C)環保性：具備可回收、再利用、低污染、省資源等性能

(D)健康性：對人體健康不會造成危害，具低甲醛及低揮發性有機物質逸散量之性能

【解析】綠建材分類：

生態性（環保性）建材：在建材從生產製消滅的全生命週期中，除了滿足基本性能要求外，對於地球環境而言，它是最自然的，消耗最少能源、資源加工最少的建材。

（#）19.地基調查方式包括資料蒐集、現地踏勘或地下探勘等方法,下列敘述何者錯誤？【答 **C 或 D 或 CD 者均給分**】

(A)其地下探勘方法包含鑽孔、圓錐貫入孔、探查坑及基礎構造設計規範中所規定之方法

(B)五層以上或供公眾使用建築物之地基調查，應進行地下探勘

(C)四層以下非供公眾使用建築物之基地，且基礎開挖深度為 6 公尺以內者，得引用鄰地既有可靠之地下探勘資料設計基礎

(D)建築面積 600 平方公尺以上者，應進行地下探勘

【解析】建築技術規則建築構造編§64

四層以下非供公眾使用建築物之基地，且基礎開挖深度為五公尺以內者，得引用鄰地既有可靠之地下探勘資料設計基礎。無可靠地下探勘資料可資引用之基地仍應依第一項規定進行調查。但建築面積六百平方公尺以上者，應進行地下探勘。

（B）20.有關基礎構造之敘述，下列何者正確？

(A)聯合基礎適用於塑流性的軟弱地盤

(B)樁基礎有尖端支承樁、摩擦樁、壓實樁等依需求不同之種類

(C)現場樁有離心式 RC 樁、離心式預力樁等

(D)反循環基樁不需要像預壘樁施工方式一樣使用白皂土（穩定液）

【解析】(A)筏式基礎適用於塑流性的軟弱地盤

(C)離心式 RC 樁、離心式預力樁屬於預鑄樁

(D)反循環基樁仍需要使用穩定液

（C）21.下列四種土質之建築基礎工程承載力，依「最佳、好、一般、不可取」之排序為何？

①砂和礫石　②普通黏土與重黏土　③有機淤泥和黏土　④淤泥和軟黏土

(A)①②③④　　　(B)②①③④　　　(C)①②④③　　　(D)②④③①

【解析】軟弱基層土是指土基層中土主要為飽和軟黏土、淤泥或泥炭質土、有機質土和泥炭這些土質，具有天然含水量高、孔隙比大、滲透性小、壓縮性高、抗剪強度和承載力低。故排序為①砂和礫石→②普通黏土與重黏土→④淤泥和軟黏土→③有機淤泥和黏土。

（#）22. 有關鋼結構構件製作與加工之敘述，下列何者錯誤？【答 A 或 D 或 AD 者均給分】

(A)一般鋼材加熱整型或彎曲加工之溫度不得超過攝氏 750 度

(B)鋼板之開槽得使用機械方法及熱切割

(C)預拱可採用機械冷壓整型，熱加工整型等方式

(D)鋼板採機械冷彎加工，其內側半徑應大於 2 倍版厚，其外側應適當加熱以消除內應力

【解析】(A)一般鋼材加熱整型或彎曲加工之溫度不得超過 650℃

惟本題考選部裁定全部送分。

（C）23.有關鋼構銲接完成後必須進行銲道的非破壞性檢驗，不包含下列那些？

①超音波檢驗法　②全銲道拉伸試驗法　③目視檢驗法

④螢光檢驗法　　⑤放射線檢驗法

(A)②③　　　　(B)①⑤　　　　(C)②④　　　　(D)③④

【解析】常規非破壞探傷檢測方法

磁粉探傷檢測（MT/MPI）

液滲探傷檢測（PT）

超音波/超聲波檢測（UT）

射線檢測（X-ray，RT）

螢檢探傷檢測（FPI）

渦電流檢測探傷檢測（ET）

目視檢測（VT）

（C）24.中空樓板可運用於大跨度空間的主因為何？

(A)旋楞鋼管有優良勁度

(B)旋楞鋼管降低樓板的重量

(C)鋼管之間形成混凝土 I 型梁

(D)使用輕質混凝土

【解析】中空樓板係利用旋楞鋼管之優點作襯管，埋設在鋼筋混凝土樓板內，形成「中空」，去除呆荷重，成為型梁或箱型梁的特殊結構。

（B）25.臺灣傳統建築「土埆厝」以「土埆磚」作為傳統建築牆面主要材料時，需特別注意那一項性能？

(A)室內濕度調整　　(B)抗震力　　(C)表面粗糙度　　(D)隔音能力

【解析】傳統的土角厝耐震能力差。

（A）26.有關木構造之敘述，下列何者正確？

(A)獨立木柱的柱腳為了防止雨淋積水而腐爛,會用墩柱或是金屬柱腳來抬高柱腳使其不積水

(B)常用 2×4 木構造建築，因木材本身就是保溫材料並不需要額外設置隔熱材料

(C)管柱為一層樓以上木構造自底層貫通至頂層的垂直構件

(D)我國木構造構架的主要種類有抬梁式、抬柱式及中柱式

【解析】(B)木材本身雖是保溫材料但仍需要搭配其他隔熱材料才能有最好的效益

(C)管柱為其中一種木構造柱體的構件型態，不限樓層數

(D)現有木質房屋結構種類依系統種類可概分為：框組壁構造系統、柱梁式構造系統、原木層疊構造系統、其他經認證的特殊構造系統。

（B）27.鋼筋混凝土構造建物中，那一部位之混凝土保護層最厚？

(A)室內柱梁　　　(B)基礎版底　　　(C)屋頂版　　　(D)內部混凝土牆

【解析】(A)室內柱梁保護層 4 cm

(B)基礎版底保護層 7.5 cm

(C)屋頂版保護層 4 cm

(D)內部混凝土牆保護層 2 cm

（A）28.下列何者非木料接合固定時常用之鐵件？

(A)鉚釘　　　　(B)鐵釘　　　　(C)螺釘　　　　(D)螞蝗釘

【解析】鉚釘的功能為緊固件，主要用於機械工程或金屬加工。

（C）29.有關鋼構造之高強度螺栓之敘述，下列何者正確？

  (A)高強度螺栓可重複使用

  (B)高強度螺栓可鎚擊入孔

  (C)高強度螺栓可以鉸孔方式擴孔後入孔

  (D)高強度螺栓群鎖緊工作應由一側單方向依序鎖緊

  【解析】高強度螺栓安裝時,如不能以手將螺栓穿入孔內時,可先用沖梢穿過校正,但不得使用 2.5 kg 以上之鐵鎚,如仍無效時,則以鉸孔方式擴孔,惟擴孔後之孔徑不得大於設計孔徑 2 mm,如超出時應補銲,經檢測合格後重新鑽孔。

（B）30.依據 CNS14280,帷幕牆之物理性能試驗不包含下列何項性能之試驗？

  (A)水密性能試驗

  (B)隔熱性能試驗

  (C)風壓結構性能試驗

  (D)層間變位性能試驗

  【解析】CNS14280「帷幕牆及其附屬門、窗物理性能試驗總則」要求之標準測試程序進行試驗。其完整之試驗項目如下：

  （1）預施壓力達正風壓設計值之 50%

  （2）氣密性能試驗

  （3）第一次靜態水密性能試驗

  （4）動態水密性能試驗

  （5）設計值之層間變位性能試驗

  （6）第二次靜態水密性能試驗

  （7）正風壓結構性能試驗

  （8）負風壓結構性能試驗

  （9）第三次靜態水密性能試驗

  （10）1.5 倍正風壓結構性能試驗

  （11）1.5 倍負風壓結構性能試驗

  （12）1.5 倍設計值之層間變位性能試驗

（D）31.有關隔熱塗料節能原理,下列敘述何者錯誤？

  (A)隔熱塗料結構部分,分成底漆、隔熱漆及面漆

  (B)主要傳熱原理包含熱傳導、輻射、對流

  (C)傳導為產生微細蜂巢狀組織,增加熱能散射、折射與消散

  (D)輻射表面層多以深色、光亮面漆提高光輻射熱反射

  【解析】輻射熱需藉光滑的鏡面反射,反射輻射熱,以避免熱量流失。

（D）32.有關屋頂伸縮縫之設置原因，下列何者正確？

(A)為增加視覺美觀效果

(B)為加速雨水排至落水頭

(C)為施作屋頂防水區劃

(D)為防止因地震、熱脹冷縮等造成裂縫或破壞

【解析】伸縮縫（Expansion Joints）主要功能為溫度變化或載重作用下結構物變位時，避免結構物相互碰撞損壞而預留變化量的縫隙。

（A）33.有關外牆構造與其性能，下列敘述何者正確？

(A)鋼筋混凝土造承重牆之配筋，其結構理論等同為連續柱

(B)壁式預鑄鋼筋混凝土造之建築最高可至 10 層樓，樓高 30 公尺

(C)外牆隔熱只需考慮熱的傳導即可，對流與輻射等並不需要

(D)帷幕牆也可以當成承重牆

【解析】(B)建築技術規則建築構造編§475-1 壁式預鑄鋼筋混疑土造之建築物，其建築高度，不得超過五層樓，簷高不得超過十五公尺。

(C)外牆隔熱不只需考慮熱的傳導，對流與輻射等也要同步考量。

(D)帷幕牆：構架構造建築物之外牆，除承載本身重量及其所受之地震、風力外，不再承載或傳導其他載重之牆壁。

（D）34.下列何種裝修行為不屬於建築物室內裝修管理辦法之規範對象？

(A)為兼具空間區分與通風採光，辦公室以高度 1.3 公尺、長度 4.5 公尺的木質隔屏固定於地坪，界分辦公區與會議區

(B)某小學為改善教室內的音環境，加裝具有吸音功能的天花板並固定於樓版下方

(C)為宗教信仰需要，醫院病房區內另以 ALC 磚區隔一間牆高 3 公尺的祈禱室

(D)大賣場的室內地坪原為磨面花崗石，但為防滑需要，撤除既有鋪面後原地改設含金鋼砂的面磚

【解析】建築物室內裝修管理辦法§3

本辦法所稱室內裝修，指除壁紙、壁布、窗簾、家具、活動隔屏、地氈等之黏貼及擺設外之下列行為：

一、固著於建築物構造體之天花板裝修。

二、內部牆面裝修。

三、高度超過地板面以上一點二公尺固定之隔屏或兼作櫥櫃使用之隔屏裝修。

四、分間牆變更。

(A)隔屏>1.2 m

(B)屬於固著於建築物構造體之天花板裝修

(C)屬於內部牆面裝修

（D）35.依據建築物無障礙設施設計規範,有關無障礙廁所盥洗室之規定,下列何者錯誤？

(A)淨空間：廁所盥洗室空間內應設置迴轉空間,其直徑不得小於 150 公分

(B)門：廁所盥洗室空間應採用橫向拉門,出入口之淨寬不得小於 80 公分,且門把距門邊應保持 6 公分,靠牆之一側並應於距門把 4~6 公分處設置門擋,以防止夾手

(C)鏡子：鏡子之鏡面底端與地板面距離不得大於 90 公分,鏡面的高度應在 90 公分以上

(D)廁所盥洗室內應設置一處緊急求助鈴

【解析】建築物無障礙設施設計規範 504.4.1 位置：無障礙廁所盥洗室內應設置 2 處求助鈴。

（D）36.依據建築技術規則建築設計施工編,有關工作台、階梯及走道之施工安全措施規定,下列何者錯誤？

(A)走道坡度應為 30 度以下,其為 15 度以上者應加釘間距小於 30 公分之止滑板條,並應裝設適當高度之扶手

(B)走道木板之寬度不得小於 30 公分,其兼為運送物料者,不得小於 60 公分

(C)高度在 8 公尺以上之階梯,應每 7 公尺以下設置平台一處

(D)工作台上四周應設置扶手護欄,護欄下之垂直空間不得超過 1 公尺

【解析】建築技術規則§156

三、工作台上四周應設置扶手護欄,護欄下之垂直空間不得超過九十公分,扶手如非斜放,其斷面積不得小於三十平方公分。

（A）37.下列各種基樁工法中,何者之施工機械不屬於「鑽掘式」原理？

(A)百利達樁（Pedestal Pile） (B)全套管式基樁（All Casting Drill Pile）

(C)反循環樁（Reverse Circulation Pile） (D)土鑽式基樁（Earth Drill Method Pile）

【解析】百利達樁屬於預鑄式,非現場鑽掘。

（D）38.有關移動式起重機作業前之準備,下列敘述何者錯誤？

(A)操作機械前應詳讀操作手冊充分瞭解機械之性能

(B)必須召集所有參加工作之人員講解工作內容及步驟

(C)在軟弱地點作業時需要舖設墊木或防陷板

(D)吊車作業桁架越長越好且較安全、經濟

【解析】吊車作業桁架過長影響額定荷重與前方安定度,作業的安全性隨之降低。

（C）39.下列何種帷幕外牆系統，最常搭配鷹架系統施工？

　　(A)單元式系統　　　(B)格版式系統　　　(C)直橫料式系統　　(D)窗間牆系統

　　【解析】直橫料式系統屬於現場組裝施工故要搭配鷹架。

（B）40.下圖之外牆磁磚張貼工法為下列何者？

　　(A)壓貼工法　　　(B)改良式壓貼工法　(C)密貼工法　　　(D)軟底直貼工法

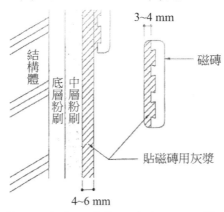

　　【解析】改良式的壓貼法會在磁磚背面也抹上水泥漿，藉此增加黏著強度。

（C）41.有關隔震工法之敘述，下列何者錯誤？

　　(A)在設置隔震消能裝置時須將既有結構體上舉，因此其假設支承費用昂貴

　　(B)若發生地下工程設置困難時，也可以考慮將隔震裝置設置於中低樓層

　　(C)橡膠隔震墊較適用於重量輕之建築物

　　(D)若隔震層為使用空間，則隔震系統之防火時效應大於當層之柱、梁之防火時效

　　【解析】隔震器利用鐘擺原理進行隔震，藉由調整曲率半徑進行隔震週期的設定，
　　　　　　建築物重量與隔震設定週期無關，能輕易有效解決輕荷重建築、變動重量
　　　　　　結構物如水塔、儲油槽等重量的問題，有效地發揮隔震效果。

（D）42.有關生態水池設計與施工之敘述，下列何者錯誤？

　　(A)生態池若以生態景觀為目標，可將水池作為高低水位兩階段；低水位的水池底可
　　　用不透水構造建造（黏土層），高水位面可用滲透性之材質如多孔質的連鎖磚、
　　　植草磚、砌塊石，高低水位間之池邊作成緩坡綠地

　　(B)可於池底挖溝、堆石、堆木塊、放置多孔隙材料等做成深淺不一，具有變化之地
　　　形

　　(C)水岸之邊坡應平緩，並以自然之土壤、枯木或天然石塊砌成。若水岸邊坡土質差
　　　時，則可採用生態工法之護岸，如打樁編柵護岸、木排樁護岸等

　　(D)為使生態池內水體能完整滲透於土壤，不可設置溢流口連結至排水系統

　　【解析】生態池若設置溢流口連結至排水系統，會讓水體排掉而不能完整滲透於土壤。

（D）43.有關 RC 構造耐震補強工法之敘述，下列何者錯誤？

(A)翼牆補強工法：翼牆補強是在原有的柱子旁增設鋼筋混凝土的牆面，以提升現有柱子的整體耐震能力。翼牆補強具有方向性，設計與建造時應將牆設置在耐震能力不足的方向，提高該方向的耐震強度

(B)柱補強工法：擴柱補強即為擴大柱斷面的補強方式，可在原有柱的四周設置鋼筋，並澆置混凝土以增加原有柱的尺寸，達到提升原有柱的耐震能力。擴柱補強以鋼筋混凝土包覆原有的柱，可同時提升相互垂直兩個方向的耐震能力

(C)剪力牆補強工法：剪力牆補強是在既有的梁柱框架中增設鋼筋混凝土的牆體，或以鋼筋混凝土牆取代原有磚牆，以提升現有梁柱架構的整體耐震能力。剪力牆補強同樣具有方向性，需設置於耐震能力不足的方向上

(D)鋼框架斜撐補強工法：鋼框架斜撐補強是在既有的梁柱構架中填充鋼框架斜撐，以提升既有梁柱構架的整體耐震能力。鋼框架斜撐補強不具有方向性，可依空間使用需求自由配置斜撐位置

【解析】鋼框架斜撐補強必須考慮方向性，配置斜撐位置相對可能受限。

（D）44.清水砌磚工法中勾縫之目的為何？①黏著　②防水　③美觀　④抑制白華

(A)①③　　　　　(B)②④　　　　　(C)③④　　　　　(D)②③

【解析】勾縫是指用砂漿將相鄰兩塊砌築塊體材料之間的縫隙填塞飽滿，其作用是有效的讓上下左右砌築塊體材料之間的連接更為牢固，防止風雨侵入牆體內部，並使牆面清潔、整齊美觀。

（B）45.一塊長 5 台尺，寬 3 台寸，厚度 0.6 台寸的木材，其材積為多少才？

(A) 3　　　　　(B) 0.9　　　　　(C) 18　　　　　(D) 0

【解析】才數＝長度（公分）×寬度（公分）×高度（公分）÷2700，5 台尺 = 151.5 cm，3 台寸 = 9.1cm，0.6 台寸 = 1.8 cm，151.5x9.1x1.8÷2700 = 0.9 才。

（D）46.依據 CNS12642 公共兒童遊戲場設備適用範圍之規定，其使用者年齡範圍為：

(A) 3~14 歲　　　　(B) 2~14 歲　　　　(C) 3~13 歲　　　　(D) 2~12 歲

【解析】CNS12642 章有特別規定公共兒童遊戲場設備之適齡性，最小使用年齡是 2 歲，最大是 12 歲；使用者基本上區分為 2 個年齡層，即 2 到 5 歲及 6 到 12 歲。

（D）47.挖設地下室牆體時需施作防水工程，下列何者不是常用地下室防水工程之作法？

(A)先施外防水工法　(B)後施外防水工法　(C)內防水工法　　　(D)等壓層防水工法

【解析】等壓層防水工法是外牆防水的工法。

（D）48.有關室內牆面材料珪藻土之敘述，下列何者錯誤？

(A)為無機質組成具不燃性且不會產生有毒氣體

(B)具保溫及隔熱性能

(C)有脫臭及吸附煙效果

(D)硬度高可用於易碰撞部位

【解析】珪藻土主要的功能性為保溫、隔熱性能、脫臭、吸附煙效果等且本身為環保材料，但不是防撞。

（D）49.進行室內裝修時，下列何種工法其目的與隔音性能無關？

(A)隔間牆設置高度至上層樓地板　　　　(B)高架地板下方鋪設發泡材料

(C)窗戶使用雙層玻璃　　　　　　　　　(D)排水管設置存水彎

【解析】排水管設置存水彎與隔音性能無關。

（C）50.RC 柱的模板常在最下端留小活門，其功能為下列何者？

(A)灌漿時排水　　　(B)檢查鋼筋接頭　　　(C)灌漿前清除異物　(D)混凝土取樣

【解析】柱跟牆一定要留清潔口，才能在日後樓版灌漿前將樓版洗下的土砂及螺桿鑽孔的木屑全部再洗出來。

（D）51.下列那些最有可能是室外伸縮縫設計詳圖？

(A)甲乙　　　　　(B)丙丁　　　　　(C)乙丙　　　　　(D)甲丁

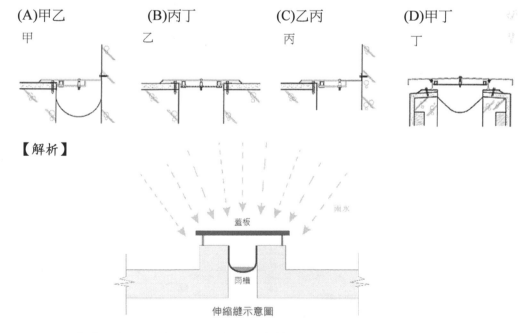

【解析】

參考圖解，甲與丁兩個案例都有蓋板跟雨槽的設計。

（#）52. 下列樓梯扶手細部詳圖，何者不符合無障礙設計規範？【答 B 或 D 或 BD 者均給分】

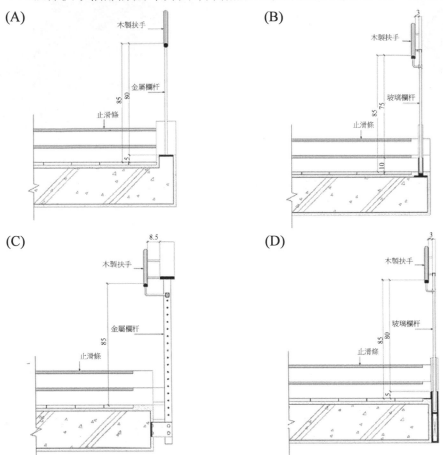

【解析】(B)(D)建築物無障礙設施設計規範 207.3.2 與壁面距離：扶手如鄰近牆壁，**與壁面保留之間隔不得小於 5 公分**，且扶手上緣應留設最少 45 公分之淨空間。

（A）53. 下圖為型框噴植式邊坡穩定法之正視圖與剖面示意圖，下列敘述何者錯誤？

(A)①為型框，可用噴凝土或預鑄混凝土製作，而噴凝土較適用在小於 45 度的邊坡

(B)②為植生包，其堆置應求緊密，以防止雨水沖刷導致位移與粒料流失

(C)③為鋼筋止滑釘，主要為輔助邊坡坡面的穩定以防止滑動

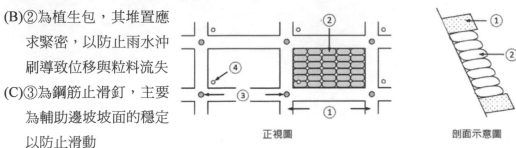

(D)④是排水孔，PVC 管為常用的材料

【解析】噴凝土護坡沒有限制，自由格樑坡面，適用於坡度小於 45 至 60 度之邊坡。

（D）54.下列戶外停車場設置透水磚鋪面中，下列何者不是路緣石的功能？

(A)控制透水磚不向外側草皮區位移

(B)抑制透水磚受車輛輪胎摩擦力滾動，減少透水磚鬆脫位移

(C)防止草地侵入透水磚鋪面

(D)阻絕雨水向鋪面外漫流

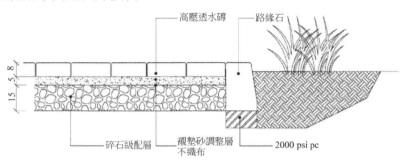

戶外鋪面剖面圖（單位：公分）

【解析】路緣石的功能與阻絕雨水無關。

（C）55.依據「建築物無障礙設施設計規範」設置無障礙樓梯雙層扶手時，下圖中扶手 A 及 B 的高度為何？

(A) A = 65 cm 及 B = 75 cm　　　　　(B) A = 70 cm 及 B = 80 cm

(C) A = 65 cm 及 B = 85 cm　　　　　(D) A = 60 cm 及 B = 85 cm

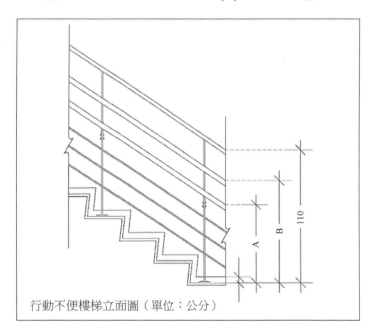

行動不便樓梯立面圖（單位：公分）

【解析】建築物無障礙設施設計規範 207.3.3 高度：

…設雙道扶手者，扶手上緣距地板面應分別為 65 公分、85 公分。

（C）56.下列何者為建築外牆石材安裝作業之正確流程？

(A)放樣→牆面整理→安裝固定鐵件、石材→填、斂縫→表面清潔→完成

(B)牆面整理→放樣→安裝固定鐵件、石材→表面清潔→填、斂縫→完成

(C)牆面整理→放樣→安裝固定鐵件、石材→填、斂縫→表面清潔→完成

(D)放樣→牆面整理→安裝固定鐵件、石材→表面清潔→填、斂縫→完成

【解析】外牆施工一般的順序，首先牆面整理後放樣，接著安裝固定鐵件、石材掛上後須做完填、斂縫才能做表面清潔並完工。

（B）57.近來外牆飾材傷人意外頻傳，有關外牆飾材及檢驗法之敘述，下列何者正確？

(A)建築法規定帷幕牆、瓷磚或其他外牆飾材剝落，只能罰鍰及限期改善，無法停水停電甚至強制拆除

(B)白華現象、龜裂、鼓脹等現象都是造成瓷磚剝落的瑕疵種類

(C)紅外線熱顯像儀檢驗法雖然儀器高貴，但可百分之百檢驗出瓷磚的劣化現象

(D)非破壞性檢測中拉拔試驗可檢驗出瓷磚的抗拉強度

【解析】(A)建築法§58、三、危害公共安全者，§81、三、傾頹或朽壞有危險之虞必須立即拆除之建築物。等規定，於必要時，皆得強制拆除，不只能罰鍰及限期改善。

(C)紅外線熱顯像儀檢驗法，大多數紅外熱成像儀的圖像解析度相對來說比較低；除了特殊的紅外玻璃外，無法穿透普通玻璃進行測量。

(D)拉拔試驗屬於破壞檢測。

（D）58.木構造中常見框架系統內有建構木斜撐壁體，其接合處常以五金鐵件或螺栓細部予以與梁柱框架接合，該斜撐壁體的作用相當 RC 結構的：

(A)梁　　　　　　(B)柱　　　　　　(C)樓板　　　　　　(D)剪力牆

【解析】木構造的斜撐主要功能性為增加水平抵抗能力，功能性相當於剪力牆。

（C）59.在拌和混凝土當中加入冰水以降低凝結過程產生之大量水化熱，其作用為何？

(A)增加混凝土之強度　　　　　　(B)延緩混凝土之凝固時間

(C)減少乾縮裂縫　　　　　　　　(D)增進混凝土之品質

【解析】加冰水加速混凝土散熱使其快速冷卻，減小最大溫差，防止裂縫發生。

（A）60.依據 CNS 標準規定，一種磚建築用普通磚之吸水率應不超過：

(A) 10%　　　(B) 13%　　　(C) 15%　　　(D) 20%

【解析】公共工程得標廠商之營造業依照設計，需購買 CNS382 一種（級）磚時（抗壓強度 300kgf/cm^2，吸水率 10%以下）。

（B）61.依據建築物無障礙設施設計規範，無障礙客房之地面應平順、防滑，下列材料何者

為最佳選擇？

(A)長毛地毯　　　(B)實木地板　　　(C)漿砌尺二磚　　　(D)拋光石英磚

【解析】(A)長毛地毯不平順

(C)漿砌尺二磚不防滑

(D)拋光石英磚不防滑

（B）62.依「公共建築物建造執照無障礙設施工程圖樣種類及說明書應標示事項表」規定，應標示之構造詳圖比例尺為何？

(A)無規定　　　(B)不得小於 1/50　　　(C)不得小於 1/100　　　(D)不得小於 1/200

【解析】公共建築物建造執照無障礙設施工程圖樣種類及說明書應標示事項表構造詳圖比例不得小於 1/50。

（D）63.依據建築物無障礙設施設計規範，有關無障礙汽、機車停車位之尺寸，下列何者錯誤？

(A)單一汽車停車位長度不得小於 600 公分、寬度不得小於 350 公分

(B)相鄰汽車停車位長度不得小於 600 公分、寬度不得小於 550 公分

(C)機車位長度不得小於 220 公分，寬度不得小於 225 公分

(D)通達無障礙機車停車位之車道寬度不得小於 150 公分

【解析】建築物無障礙設施設計規範 805.2

出入口：機車停車位之出入口寬度及通達無障礙機車停車位車道寬度均不得小於 180 公分。

（A）64.建築工程發包文件中，說明材料特性和施工原則的是：

(A)施工規範　　　(B)裝修表　　　(C)外牆剖面圖　　　(D)項目與數量表

【解析】(B)裝修表為註明各建築部位之材質。

(C)外牆剖面圖是交代建築高度、外牆材料、雨遮及陽台等。

(D)項目與數量表則為材料清單與各建築部位使用數量合計。

（B）65.室內地坪舖設長條實木板於鋼筋混凝土樓版面時，下列敘述何者最不適當？

(A)舖設木地板由下而上之順序為防潮塑膠布、木角材、木夾板、木板條

(B)舖設木地板由下而上之順序為防潮塑膠布、木夾板、木角材、木板條

(C)舖設木板條時，應與牆面保持約 1.0 cm 之距離作為伸縮間隙，且利用踢腳板覆蓋其上

(D)混凝土樓版面平整度不佳時，可利用自平水泥或木角材及三角楔木來調整

【解析】防潮塑膠布與木夾板之間應以木角材做為固定材同時隔出縫隙壁面日後受潮。

（C）66.有關暗架天花板相關施工要求，下列何者不符合規範？

(A)吊架及壁條安裝前，應先完成牆面粉刷、窗簾盒製作及天花板內水電空調消防管線等所有設備之安裝與檢驗

(B)主架方向其端部之吊筋，應設於自牆粉刷面起 15 cm 以內

(C)吊筋如果與水電、空調、消防等工程管線位置重疊，可固著於管線下方

(D)暗架天花板內須定期維修或操作之設備（如閥、存水彎、空調盤管、閘門、過濾器、偵測裝置、開關及清潔口等），均應於下方可及處設置維修口，一般房間每間至少應有一處以上之維修口

【解析】選項(C)吊筋如果與水電、空調、消防等工程管線位置重疊，不宜裝置在各類水管之下方，以免因漏水而影響消防電氣功能。

（B）67.建築構造細部設計中所謂「滴水」之主要目的為何？

(A)立面線條美觀

(B)防止建築表面污染

(C)防止房屋漏水

(D)材料收邊

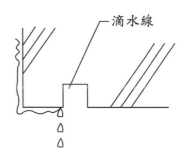

【解析】利用水的表面張，滴水線可以遮斷雨水污染建築物立面。

（D）68.下列那幾種管線適合配置在同一管道間中？

①強電　②給水　③排水　④消防　⑤弱電

(A)①②③　　　　　(B)①④⑤　　　　　(C)①③④　　　　　(D)②③④

【解析】電力系統應與給排水系統應分隔開，不宜配置於同一管道間。

（B）69.在建築工地中袋裝水泥應存放於下列何種空間最佳？

(A)空氣流通的空間

(B)儘量避免水泥受到重壓，且比較乾燥的空間

(C)空氣流通且水泥可大量堆疊（可重壓）的空間

(D)儘量通風、潮濕且比較大的空間

【解析】袋裝水泥須貯存於通風良好、防水、防濕之倉庫內，倉庫地板應高出地面至少 30 公分以上，袋裝水泥應離牆面應在 30 公分以上，堆放高度以不超過 10 包為原則。水泥應依到貨先後次序堆置使用。使用時須新鮮無變質，或無結塊者。

（D）70.有關永續生態建築手法，下列敘述何者錯誤？

(A)於基地地面增加綠化及透水鋪面面積，增加基地保水量，可改善都市熱島效應

(B)設計綠屋頂可有效降低室內溫度，減少空調耗能

(C)藉由雨水回收再利用，可有效節省水資源

(D)於建築四周外牆大面積開窗可使室內有良好的通風採光，可減少耗能

【解析】選項(D)於建築四周外牆大面積開窗可使室內有良好的通風採光,但會增加耗能。

（B）71.室內裝修工程常見之分間牆資材，若依碳足跡標準由高至低排列，下列何者正確？

①10 公分石膏版輕隔間　②1/2 B 磚雙面粉光

③8 公分玻璃磚隔間　　④雙面水泥粉刷之空心磚牆

(A)②③①④　　　　(B)③②④①　　　　(C)④③②①　　　　(D)②④③①

【解析】③玻璃磚牆 8 cm 單位碳排量＝83.14，②1/2B 磚牆單位碳排量＝66.86，④雙面水泥粉刷之空心磚牆單位碳排量＝27.67，①10 公分石膏版輕隔間單位碳排量＝22.56，詳綠建築標章碳足跡標示制度規劃研究表 3-6 不透光外牆構造工程碳排標準。

（C）72.有關 RC 構件所承受之外力，下列敘述何者錯誤？

(A)RC 構件上外力包含軸力、彎矩、剪力與扭力

(B)正負彎矩會使 RC 構件下方與上方伸長而裂開，故須於上、下方配置鋼筋

(C)正負剪力產生的斜向裂縫為相反，為避免斜向鋼筋錯放與施工方便性，一般採水平向鋼筋配置

(D)正負扭力會導致 RC 構件產生斜向螺旋裂縫

【解析】鋼筋應該雙向配置。

（B）73.基於永續、生態環境觀點，下列何種材料之運用應逐漸減少？

(A)砌石　　　　　　(B)混凝土　　　　　(C)木材　　　　　(D)鋼骨

【解析】選項(B)混凝土製造過程相對較多不環保的問題。

（A）74.下列何者不是承造人應負責或配合之工作？

(A)建照執照之申請

(B)開工申報時施工計畫書之製作

(C)因施工而損傷道路、溝渠等公共設施之修復

(D)使用執照之申請

【解析】承造人應負責或配合之工作為申報「勘驗」與申請「使用執照」。

（#）75. 規模相同時，SRC、SS、RC 構造施工之特性比較，下列何者錯誤？【答 B 或 D 或
　　　 BD 者均給分】

　　　(A) SS 構造工期較 SRC、RC 構造工期短

　　　(B) SRC 構造造價較 SS、RC 構造造價高

　　　(C) RC 構造自重較 SS、SRC 構造自重高

　　　(D) SS 構造耐震效果較 SRC、RC 構造高

　　　【解析】選項(B)SRC 構造造價不一定較 SS、RC 構造造價高

　　　　　　　選項(D)SS 構造耐震效果不一定較 SRC、RC 構造高

　　　　　　　以上兩種情形皆要視實際設計而定

（B）76. 有關價值工程之敘述，下列何者錯誤？

　　　(A)價值工程講求的是提供可靠服務功能的最低費用

　　　(B)在初期規劃設計階段採用價值工程的效益較小

　　　(C)價值工程適合用在高造價項目

　　　(D)價值工程適合用在多次重複採購之低單價項目

　　　【解析】價值工程使用的愈早，愈容易發揮效益。

（C）77. 有關建築施工估價與數量計算之敘述，下列何者錯誤？

　　　(A)施工架以立面之面積計算，單位為平方公尺

　　　(B)RC 建築物，概算模板數量約為建築物混凝土體積之 8~10 倍

　　　(C)鋼筋數量以長度計算，單位為公尺，一般耗損率約 10~15%

　　　(D)混凝土數量以體積計算，單位為立方公尺，一般耗損率約 1~5%

　　　【解析】鋼筋工程量＝鋼筋長度（m）× 鋼筋每米重量（kg/m）。

（D）78. 有關工程契約種類與應用時機，下列何者錯誤？

　　　(A)總價承攬契約較適用於工程單純、圖說規範明確之工程

　　　(B)單價承攬契約較適用於工程急迫且無詳細圖說規範工程

　　　(C)數量精算式總價承包契約較適用於規模龐大且較無法預測之工程

　　　(D)成本加固定百分比契約較適用於零星維修或小型工程

　　　【解析】成本加固定百分比契約適用性質較複雜、整體費用不易預估、成果較不確
　　　　　　　定之大型工程。

（A）79. 政府採購法所謂公告金額是指工程、財物及勞務採購達到新臺幣多少元？

　　　(A) 100 萬元　　　　(B) 500 萬元　　　　(C) 1,000 萬元　　　　(D) 5,000 萬元

　　　【解析】公告金額採購工程、財物及勞務採購 > 100 萬元。

（B）80.下列關於鋼骨鋼筋混凝土（SRC）構造的敘述，何者錯誤？

(A)鋼骨鋼筋混凝土構造若採用包覆型鋼骨鋼筋混凝土柱時，梁除了同樣採用包覆型鋼骨鋼筋混凝土梁之外，也可以採用鋼梁

(B)相較於現場銲接方式，SRC 梁柱接頭於鋼構廠完工時銲上托梁，運輸成本可大幅降低

(C)當主筋利用機械鋼筋接續器作鋼筋續接時，應距離鋼骨續接處之補強板或螺栓 250 mm 以上

(D)鋼骨鋼筋混凝土梁之主筋續接應距柱之混凝土面 1.5 倍之梁深以上

【解析】SRC 梁柱接頭於鋼構廠完工時銲上托梁，組件體積與重量都增加，運輸成本會大幅增加。

111 專門職業及技術人員高等考試試題／建築環境控制

甲、申論題部分：（40 分）

> 一、請試回答下列問題：
>   （一）何謂高熱容量的建築構造材料？（5 分）
>   （二）何謂干欄式建築？（5 分）
>   （三）請舉出採用高熱容量構造與採用干欄式建築之風土建築各一種，並說明建築型
>   式與當地氣候之關係。（10 分）

參考題解

（一）材料的熱焓傳遞慢，熱阻（R 值）高，時滯長，受熱端熱焓不會立即傳遞是另一側，而
    是將熱焓保留在材料體內，再由高溫觸網低溫處慢慢釋放。

    例如：水泥，磚，泥土

（二）以木、竹以及稻草等材料架高形式成為高腳屋，適用於熱帶海島型，或濕熱地區之建
    築，其架高型式建築物可隔絕過多濕氣、通風散熱，底下空間多用於飼養家禽，亦可
    隔絕猛獸或洪水侵襲。

（三）請舉出採用高熱容量構造與採用干欄式建築之風土建築各一種，並說明建築型式與當
    地氣候之關係

    1. 高熱容量建築-土磚厝：

       利用土磚的高熱容量特色隔絕外環境日射曝曬造成室內的炎熱環境，由於土磚厝傳
       熱慢，在白天曝曬時能確保室內的陰涼，於太陽下山後經風吹及外界降溫帶走本身
       緩慢釋放之熱焓，適用於乾燥炎熱地區。

土磚厝示意圖

2. 干欄式建築-高腳屋：適用於熱帶多雨氣候，東南亞因潮濕炎熱，利用木造＋茅草製成之高腳屋，不但大開窗通風，更能隔絕地面濕氣保持室內通風乾燥，無論日夜皆保持人體舒適度。

欄杆式建築示意

二、某校舍於地下室設置雨水貯留槽，用於校園綠地澆灌之用。請繪製該系統之剖面圖，包含雨水沈澱、過濾、儲存，以及確保雨水過量時之溢流水處理機制。（20 分）

參考題解

【 **參考九華講義–設備 第 4 章 給排水(衛生)設備** 】

（一）設置雨水貯留再利用設備，應注意雨水回收方式、溢流水排放、水質品質、及使用用途等。

（二）雨水貯留系統剖面示意圖：

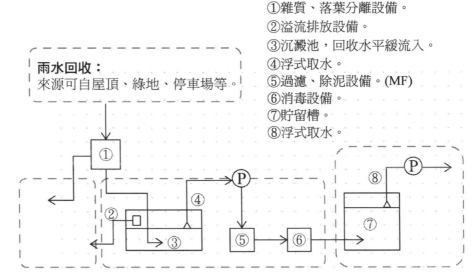

①雜質、落葉分離設備。
②溢流排放設備。
③沉澱池，回收水平緩流入。
④浮式取水。
⑤過濾、除泥設備。(MF)
⑥消毒設備。
⑦貯留槽。
⑧浮式取水。

雨水回收： 來源可自屋頂、綠地、停車場等。

排放： 溢流水、雜質。

水質品質： 依照用途別處理回收水。依中水水質基準規範，用途為綠地澆灌者，可以 ClassB 處理要求，使用 MF（微過濾）＋消毒設備。

儲存： 容量依照自來水替代水量計算。配置管線、逆止閥、設置自動澆灌系統，併聯自來水管線，儲量不足以自來水供水。

乙、測驗題部分：（60 分）

（D）1. 在空氣線圖中之任一點如下圖 P，若欲朝右下方向 Q 移動，下列敘述何者正確？

（A)冷卻降溫 　　　　（B)加熱加濕 　　　　（C)常溫加濕 　　　　（D)加熱除濕

【解析】

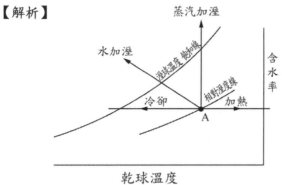

大氣曲線之走向圖

（B）2. 有關建築外殼隔熱之敘述，下列何者錯誤？

(A)材料的厚度若增加，則隔熱性能也會提升

(B)為提升隔熱性能，增加建築外殼的混凝土厚度是具有經濟效益的手法

(C)混凝土的熱容量較木材的熱容量大

(D)外殼開口部的遮陽百葉，設置在室外側比室內側更佳

【解析】選項(B)混凝土熱阻係數 3.59 隔熱性能偏弱，增加建築外殼混凝土厚度是
事倍功半的手法。

（A）3. 黑球溫度計量測周壁之平均輻射溫度 MRT 與下列何者無關？

(A)濕度 　　　　　　(B)黑球溫度 　　　　(C)空氣流速 　　　　(D)氣溫

【解析】「黑球溫度計」所測量為當時大氣輻射熱所造成的溫度，與相對濕度無關。

（C）4. 某個室內無風的空間，溫度為 20℃，平均輻射溫度為 26℃，該空間的作用溫度
（operative temperature）最接近多少℃？

(A) 20 　　　　　　　(B) 26 　　　　　　　(C) 23 　　　　　　　(D) 46

【解析】OT 作用溫度(效果溫度)＝(氣溫 ＋ 平均輻射溫度)÷2 ≒ 黑球溫度，
(20 ＋ 26)÷2 ＝ 23℃。

（C）5. 若屋頂版的面積為 100 m²，整體構造材料的熱傳透率 U 值為 0.6 kcal/m²h℃，總厚度 20 cm，則在室內溫度為 26℃，室外氣溫為 32℃時，其熱傳透量為多少 kcal/h？

(A) 72　　　　　　(B) 180　　　　　　(C) 360　　　　　　(D) 7200

【解析】熱傳透量 Q＝U×（內外溫差）×A

$\qquad\qquad$ ＝U×（T 高溫－T 低溫）×A

$\qquad\qquad$ ＝1/R×（T 高溫－T 低溫）×A

$\quad$ U：熱傳透率(kcal/m²h℃)

$\quad$ R：熱阻(m²h℃/kcal) = 1/U

$\quad$ T：溫度(℃)

$\quad$ A：表面積(m²)

$\quad$ 題目數據代入：Q = 0.6kcal/m²h℃×(32 － 26)℃×100 m² = 360kcal/h

（A）6. 當某餐廳的外部環境空氣品質良好時，下列何者不是室內空氣品質的主要評估項目？

(A)甲醛等揮發性有機化合物　　　　　(B)二氧化碳

(C)一氧化碳　　　　　　　　　　　　(D)二氧化硫

【解析】依據環保署室內空氣品質標準，規範項目沒有二氧化硫。

室內空氣品質管理法公告 9 種污染物與標準值

項　　　　目	標準值	
二氧化碳（CO_2）	8 小時值	1000 ppm
一氧化碳（CO）	8 小時值	9 ppm
甲醛（HCHO）	1 小時值	0.08 ppm
總揮發性有機化合物（TVOC，包含：十二種苯類及烯類之總和）	1 小時值	0.56 ppm
細菌（Bacteria）	最高值	1500 CFU/m³
真菌（Fungi）	最高值	1000 CFU/m³ 但真菌濃度室內外比值小於等於 1.3 者，不在此限。
粒徑小於等於 10 微米（μm）之懸浮微粒（PM_{10}）	24 小時值	75 μg/m³
粒徑小於等於 2.5 微米（μm）之懸浮微粒（$PM_{2.5}$）	24 小時值	35 μg/m³
臭氧（O_3）	8 小時值	0.06 ppm

（A）7. 行政院環境保護署所訂定的室內空氣品質標準中，下列何者未被列入管制？

(A)一氧化氮　　　　(B)二氧化碳　　　　(C)甲醛　　　　(D)真菌

【解析】依據環保署室內空氣品質標準，規範項目沒有一氧化氮。

$\quad$ 室內空氣品質管理法公告 9 種污染物與標準值（同選擇題第 6 題表格）

（C）8. 下列那些空間須維持正壓？①廁所　②手術室　③半導體晶圓廠之無塵室

(A)①②　　　　　　(B)①③　　　　　　(C)②③　　　　　　(D)①②③

【解析】須維持正壓空間不允許污染之空氣流，②手術室、③半導體晶圓廠之無塵室有此需求。

（D）9. 計算風力換氣的效果時，不需要下列那個參數？

(A)入風處壁面的風壓係數　　　　　　(B)出風處壁面的風壓係數

(C)戶外風速　　　　　　　　　　　　(D)室內外溫度差

【解析】計算風力換氣與室內外溫度差無關。

（C）10.正午太陽直射光的色溫（K）與下列何者最為接近？

(A) 1000　　　　　(B) 3500　　　　　(C) 5000　　　　　(D) 6500

【解析】正午日光≒5000～5500 K

（A）11.下列人工光源中，何者之發光效率最高？

(A) 2000 K，150 W，16500 lm　　　(B) 5000 K，28 W，2500 lm

(C) 3500 K，5 W，400 lm　　　　　(D) 4000 K，80 W，6000 lm

【解析】發光效率（Luminous Efficacy）指每消耗 1 瓦(W)電能轉換成多少光的效率，通常都是以「光通量」為單位來計算，其標示的方式為 lm/W。

　　(A) 16500 lm/150 W = 110 lm/W　　　　(C) 400 lm/5 W = 80 lm/W

　　(B) 2500 lm/28 W = 89.28 lm/W　　　　(D) 6000 lm/80 W = 75 lm/W

（C）12.有關建築照明之敘述，下列何者錯誤？

(A) CNS 照度標準對於各種建築空間之照度訂有建議值

(B) 過高的輝度是產生眩光的主要原因之一

(C) 均齊度是指室內照度的均勻程度，數值介於 0~1 之間，數值愈小表示愈均勻

(D)相同的人工光源，分別以直接照明與間接照明的方式設置，在相同條件的位置所測得的照度，以直接照明較高

【解析】均齊度是指室內照度的均勻程度，數值介於 0~1 之間，數值越大愈均勻。

（D）13.兩種玻璃與兩種外遮陽的日射遮蔽能力分別為：a 玻璃 η = 1.0、b 玻璃 η = 0.6、c 外遮陽 Ki = 0.8、d 外遮陽 Ki = 0.5；採用下列何種搭配可得到最佳的日射遮蔽效果？

(A) a 玻璃搭配 c 外遮陽　　　　　　(B) a 玻璃搭配 d 外遮陽

(C) b 玻璃搭配 c 外遮陽　　　　　　(D) b 玻璃搭配 d 外遮陽

【解析】外遮陽 Ki = 1.0 為無外遮陽，係數越小代表為比較好的遮陽設計，玻璃 η i = 1.0 為完全無反射清玻璃，係數越小代表反射越好。

（#）14. 有關日照率之敘述，下列何者正確？【答 A 或 B 或 AB 者均給分】

(A)在相同緯度的地點，日照時數不一定相同

(B)可照時數為一日當中於周圍環境天空無障礙所能獲得之照射時數

(C)日照時數通常較可照時數來得大

(D)日照率的計算是由可照時數與日照時數的差值，除以可照時數後求得

【解析】日照百分率＝（日照時數／可照時數）×100%，日照時數通常較可照時數小。

（D）15. 有關多孔質吸音材料的吸音特性敘述，下列何者錯誤？

(A)多孔質吸音材料是因為材料中含有大量的細孔、細縫或氣泡，一般市面上所稱的吸音材料大部分屬於此類

(B)吸音原理乃依空氣運動產生摩擦而起，如毛氈、玻璃棉、岩綿等纖維質

(C)多孔質材料的吸音，主要是以細孔中的摩擦抵抗、音能的抵抗損失與粒子運動的速度壓成比例

(D)貼於壁面上時，因低頻聲音波長較大，於吸音材料處的空氣粒子速度相當大，因此吸音效果較佳

【解析】多孔質材料的吸音需要仰賴材料中含有大量的細孔，貼於壁面上時孔隙減少吸音效果變差。

（A）16. 依據建材吸音率之試驗結果，下列敘述何者錯誤？

(A)厚 25 mm 岩棉吸音板屬於板狀材料系吸音構造，主要針對低音域

(B)厚 5 mm 沖孔板（開孔板），底層使用多孔質吸音材 50 mm，應用於中音域

(C)厚 9 mm 石膏板搭配後側空氣層可應用於吸收低音域

(D)劇場座椅及觀眾也具有一定程度的吸音率

【解析】岩棉屬於多孔性吸音材，具不錯的中高頻吸音能力，預留空氣層有助低頻吸音能力提升。

（B）17. 有關建築音響之物理單位，下列何者錯誤？

(A)音強：W/m^2　　(B)噪音量：dB(R)　　(C)音壓：Pa　　(D)音功率：W

【解析】噪音量的強弱大小（分貝, dB）。

（A）18. 有關吸音力之敘述，下列何者錯誤？

(A)吸音力的單位為 N/m^2

(B)用來代表室內空間的吸音能力

(C)依據沙賓公式（Sabine equation），吸音力越大餘響時間越短

(D)室內的傢俱也可以列入吸音力的計算

【解析】吸音率是沒有單位的數值。

（A）19.下列何者有保持排水管內壓力平衡的功能？

(A)通氣管　　　　(B)存水彎　　　　(C)水錘吸收器　　　(D)截留器

【解析】吸音率是沒有單位的數值，介於 0-1 之間，0 是能量全部反射，1 全部吸收。

（C）20.有關給水設備之設置，下列何者錯誤？

(A)蓄水池應設於地面上或地板上，其四周構造應與其他結構物分開不得連接

(B)蓄水池的頂面應設置清掃用的人孔及通氣管，人孔周圍應有突起的邊緣，以避免清掃時的污水侵入

(C)蓄水池應設溢流管，管口應加設防蟲網，溢流管的排水量應和受水量相當，並採用直接排水方式

(D)蓄水池底面應設清洗用洩水管及止水閥，並保持適當之斜度或排水溝以利排水

【解析】建築物給水排水設備設計技術規範 3.5.11

建築物屋頂水槽、中間水槽、受水槽或水塔之溢流管徑應為揚水管徑之二倍以上，且不能有閥；排水管應由水槽底部引出；消防水管應設置逆止閥，以防消防泵之水逆流回水槽。

選項(C)溢流管的排水量應和受水量相當，並採用直接排水方式會造成水逆流回水槽。

（B）21.依據建築物給水排水設備設計技術規範,給水管路全部或部分完成後應加水壓試驗，其試驗水壓不得小於多少 kg/cm^2？

(A) 5　　　　　(B) 10　　　　　(C)15　　　　　(D) 20

【解析】建築物給水排水設備設計技術規範 3.5.16

用戶給水管線裝妥，在未澆置混凝土之前，自來水管承裝商應施行壓力試驗；壓力試驗之試驗壓力不得小於 10 kg/cm^2，並應保持 60 分鐘而無滲漏現象為合格。

（B）22.有關通氣管之敘述，下列何者錯誤？

(A)為使某一個器具達到通氣效果，由存水彎之下流處接續通氣管，並在較器具為高之位置上與通氣系統接續，或直接向大氣開放之通氣管稱為個別通氣管

(B)器具通氣管指的是在器具排水管處，以與水平線成 45°以內之角度分歧，向下方接續之通氣管

(C)對於背對背或並列設置之衛生器具，為保護此二器具存水彎之水封，在器具排水管之交點處向上接續之通氣管為共同通氣管

(D)伸頂通氣管指的是從最頂部之排水橫管與排水立管之接續點起，排水立管再向上延伸作為通氣使用之部分

【解析】建築物給水排水設備設計技術規範44.器具通氣管

在器具排水管處,以與垂直線成45℃以內之角度分歧,向上接續之通氣管,由此分歧處開始至其他通氣管止間之管稱之。

（D）23.下列有關自動撒水設備之功能敘述,何者錯誤?

(A)密閉濕式:平時管內貯滿高壓水,撒水頭動作時即撒水

(B)密閉乾式:平時管內貯滿高壓空氣,撒水頭動作時先排空氣,繼而撒水

(C)開放式:平時管內無水,啟動一齊開放閥,使水流入管系撒水

(D)預動式:平時管內貯滿低壓水,以感知裝置啟動流水檢知裝置,且撒水頭動作時即撒水

【解析】預動式:平時管內貯滿低壓空氣,以感知裝置啟動流水檢知裝置,撒水頭動作時即撒水。

（B）24.依據建築技術規則之規定,有關火警自動警報設備應不包括下列何種設備?

(A)手動報警機　　(B)自動撒水設備　　(C)火警受信機總機　(D)緊急電源

【解析】建築技術規則建築設備編第66條

（設備內容）火警自動警報設備應包括左列設備:

一、自動火警探測設備。　　四、火警警鈴。

二、手動報警機。　　五、火警受信機總機。

三、報警標示燈。　　六、緊急電源。

（B）25.有關燃燒學說之燃燒四面體,下列何者錯誤?

(A)氧化劑　　　　(B)輻射　　　　(C)連鎖反應　　　　(D)燃料

【解析】物質要發生燃燒,需要具備一定條件。亦即可燃物、氧（空氣）、熱能（溫度）及連鎖反應四者兼備。此稱為燃燒之四面體。四者缺一,燃燒即無法發生,即使發生亦無法持續。

（D）26.有關綠建築標章中空調設備節能的規劃重點,下列何者不是屬於熱源系統之節能技術?

(A)冰水主機台數控制系統　　　　　(B)吸收式冷凍機

(C) CO_2 濃度外氣量控制系統　　　　(D)變頻無段變速之 VAV 系統

【解析】VAV 系統屬於風管出風系統。

（D）27.有關空調系統之敘述,下列何者正確?

(A)全氣式空調的管線所占用的空間較水氣併用式更小

(B)全水式空調在室內空氣品質的控制上較全氣式更佳

(C)水氣併用式空調有新鮮外氣供應不足的問題

(D)全水式空調在室內產生的噪音問題較全氣式嚴重

【解析】(A)全氣式空調的管線所占用的空間較水氣併用式大

　　　　(B)全水式空調在室內空氣品質的控制劣於全氣式空調

　　　　(C)全氣式空調相對容易有新鮮外氣供應不足的問題

（B）28.有關空調設備主要裝置之敘述，下列何者錯誤？

(A)冷卻水塔須設置於通風良好處

(B)空調風管的剖面形狀愈接近正方形或圓形，空氣流動的效果愈差

(C)冷凍主機的機房需特別考慮噪音與振動的防制

(D)噴嘴型出風口適合用於大型空間

【解析】(B) 空調風管的剖面形狀愈接近正方形或圓形，空氣流動的效果愈佳

　　　　高速風管：圓形管　　　管內風速：15~25 m/s

　　　　低速風管：矩形管　　　管內風速：7~15 m/s

（D）29.計算冷房負荷（Cooling Load）時，下列何者包含顯熱與潛熱？

(A)經由建築外殼以熱傳透方式進入室內的熱量

(B)經由玻璃窗傳入室內的日射熱量

(C)照明器具產生之內部負荷

(D)經由空調設備導入外氣時所產生之熱負荷

【解析】空調設備檢討冷房負荷同時須檢討 QS 顯熱負荷與 QL 潛熱負荷裏頭之因子。

（C）30.有關電梯設備之設計原則，下列何者錯誤？

(A)使用油壓式電梯可節省電梯機坑深度

(B)空中梯廳（sky lobby）常使用於超高層大樓以減少電梯坑的數量

(C)電梯之需求量一般以尖峰時間每 30 分鐘的使用人數來衡量

(D)辦公大樓午餐尖峰時需考慮上下雙向的輸送

【解析】電梯之需求量一般以尖峰時間每 5 分鐘的使用人數來衡量。

（B）31.一個淨面積 100 m² 住宅單元的電氣設備容量（kW）最接近下列何者？

(A) 2　　　　　　　(B) 6　　　　　　　(C) 20　　　　　　　(D) 60

【解析】60 m² 以下小型住宅的計算負荷取 3.8 kw，60~100 m² 中型住宅取 4.75 kw，100 m² 以上為大型住宅取 9.5 kw，選項(B) 6 kw 為相對接近的數據。

（A）32.有關電氣系統或設備之敘述，下列何者最正確？

(A)建築物內之配線採並聯方式

(B)住宅單元內的小容量電器多使用三相交流電

(C)我國交流電頻率為 110 Hz

(D)斷路器的功能主要為避免觸電

【解析】(B)住宅單元內的小容量電器多使用單相交流電

(C)我國交流電頻率為 110 V，60 Hz

(D)斷路器的功能主要為避免電路超載造成短路並防止走火造成危險

（A）33.有關設置受變電室，下列何者錯誤？

(A)受變電室應避免設於建築物負載中心附近，減少線路電力損失和電壓降

(B)受變電室應設置於地面或地面以上之樓層，如有困難僅能設於地下一樓

(C)室內構造應具有防火、防水、防音的性能，並裝置適當的消防設備

(D)變壓器使用時會發熱，故須考慮換氣設備或空調設備

【解析】受變電室應靠近建築物負載中心附近，減少線路電力損失和電壓降低，二次側應接近負載，以增加設備容量。

（D）34.下列那項參數與計算受變電設備容量無關？

(A)最大需要電力　　(B)功率因數　　　(C)受變電設備效率　(D)斷路器容量

【解析】斷路器的功能主要為避免電路超載造成短路。

（A）35.聯合國氣候峰會 IPCC 於 2015 年簽署巴黎協議，其所強調的韌性（resilience）是指什麼意涵？

(A)遭遇災害後的復原能力

(B)以人為干預的方式，減少溫室氣體的排放

(C)某個系統受氣候變遷負面影響及無法因應的程度

(D)為了因應氣候衝擊，而在自然或人類系統所做的調整

【解析】2015 年 12 月，聯合國氣候峰會舉行第 21 次締約方會議，強調韌性可作為因應變化、調適變化，或保持彈性的能力。

（D）36.依據綠建築評估手冊－廠房類，下列何者不是綠色交通之評估要項？

(A)大眾交通工具，如捷運、公車

(B)非石化交通工具使用，如電動汽車、電動摩托車

(C)自行車租賃制度、自行車停車場設置

(D)人行專用步道系統規劃

【解析】2019 綠建築評估手冊－廠房類綠色交通之評估要項

表 2-2.3 綠色交通簡易評估表

	評分項目	評分標準	得分率R6i
1.	捷運或公車	甲類廠房周邊800 m範圍內有捷運站或公車站。	0.3
		乙類廠房周邊1200 m範圍內有捷運站或公車站。	0.3
2.	廠房公車或制度化汽車共乘系統	廠房設公用汽車或社區共乘服務系統。	0.2
3.	電動汽車或電動摩托車	廠房設有電動汽車或電動摩托車車專用停車場者與加電站者。	0.2
4.	自行車租用制度	廠房設自行車租用站且與周邊公共交通站區域形成系統者。	0.2
5.	自行車道	廠房內與周邊社區均劃設自行車專用道或自行車專用道路系統（寬度>1.5 m，道路單側設置即可）	0.2
6.	自行車停車場	廠房設有表2-3.4所示之充足自行車停車場者。	0.2
7.	雇用在地居民	雇用在地里或村鎮居民達本國籍員工三成以上者。	0.5
8.	提供員工宿舍	在場周邊一公里內提供兩成以上員工宿舍者。	0.5

註：甲類廠房：位於工業（園）區或都市計畫區之廠房。
　　乙類廠房：非都市計畫區內之廠房。

（D）37.有關空氣污染物標準指標（pollutant standards index, PSI），下列敘述何者錯誤？

(A) PSI 值是根據各空氣污染物濃度，換算出該污染物之空氣污染副指標（subindex）

(B)以各評估項目副指標之最大值作為空氣污染物標準指標，以 PSI 值（0~500）表示之

(C)指標值在 100 以下者，表示當地空氣品質符合環境空氣品質中的短期標準

(D)目前列為 PSI 的評估項目，其中有：懸浮微粒（PM_{10}），二氧化碳（CO_2）等項

【解析】美國環境保護署研究建立的一項空氣品質參考指標，係將每日監測所得粒徑 10 微米以下懸浮微粒、二氧化硫、一氧化碳、臭氧及二氧化氮等 5 種主要污染物之濃度值。

（C）38.有關綠建築評估之景觀貯集滲透水池設計，下列敘述何者錯誤？

(A)具備讓雨水暫時貯存於水池，然後再慢慢以自然滲透方式滲入大地土壤

(B)景觀貯集滲透水池，可適用於滲透不良的土壤

(C)通常將水池設計成高低水位兩部分，低水位部分底層以透水層為之

(D)其水面在下雨後會擴大，以暫時貯存高低水位間的雨水，然後讓之慢慢滲透回土壤

【解析】「景觀貯集滲透水池」通常將水池設計成高低水位二部分，低水位部分底層以不透水層為之，高水位部分四周則以自然緩坡土壤設計做成。

（C）39.依據建築物無障礙設施設計規範，有關無障礙浴室之敘述，下列何者錯誤？

　　(A)浴室之地面應堅硬、平整、防滑

　　(B)由無障礙通路進入浴室不得有高差，止水宜採用截水溝

　　(C)浴室內應於距地板面 45 公分範圍內設置一處可供跌倒後使用之求助鈴

　　(D)浴缸內側長度不得大於 135 公分

　　【解析】建築物無障礙設施設計規範-605.5.1

　　　　　　位置：無障礙浴室內設置於浴缸時應設置 2 處求助鈴。1 處設置於浴缸以

　　　　　　外之牆上，按鍵中心點距地板面 90 公分至 120 公分，並連接拉桿至距地

　　　　　　板面 15 公分至 25 公分範圍內，可供跌倒時使用。另 1 處設置於浴缸側面

　　　　　　牆壁，按鍵中心點距浴缸上緣 15 公分至 30 公分處，且應明確標示，易於

　　　　　　操控。

（D）40.在臺灣地區，下列何種開窗模式最容易引入大量熱量及眩光？

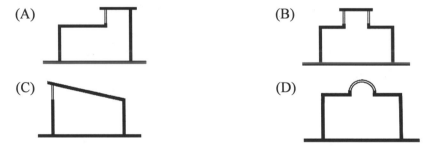

　　【解析】(D)為直接的頂側採光最容易引入大量熱量及眩光。

111 年 **專門職業及技術人員高等考試試題／敷地計畫與都市設計**

一、申論題：（30 分）

人類居住環境的惡化與其改善對策的思考，一直為全球持續性關注的焦點議題。近年來，我們也見證了不少由於氣候變遷與環境大幅變動，所誘發或加劇影響的災害事件，驗證了極端氣候對於人類居住環境所造成之衝擊，無論頻率或強度，正日趨加重。

（一）請陳述你對於「韌性城市」此概念之認知，並提出於都市設計層面上，其關鍵的思考要素。

（二）在作為都市最重要公共開放空間的街道，是承擔城市人員貨物流通的主要動脈，請針對本土氣候條件，位於新開發都市環境中，設計一條雙向六線道的主要道路，除須具備城市通道良好設計品質外，必須導入提昇城市韌性、友善使用者等構想，並請以圖文方式說明其概念。

二、設計題：（70 分）

（一）題目：複合型共享辦公基地

（二）題旨：為因應新型態工作模式，優惠自由工作者環境，以共享、開放及多元共融為號召，選址於新開發都市區域，作為引進青年新型態自由工作者之基地，以提供共享辦公室為主要訴求，及產出成果資訊展示與同儕交流互動之空間，並且同時提供出租的住宅單元，以利於未來整體發展。

（三）基地描述：基地位於新開發都市區域，為住商混合環境，建蔽率為 45%，容積率為 225%。基地西南側為埤塘公園，假日遊客人數眾多，東北側為國民小學，後門僅供上下學，方便家長接送時才開啟，基地內有既有樹木，周邊須留設 3 m 無遮簷人行道。

（四）設計要求重點：

1. 共享辦公基地部分：

空間需求包含：開放性共享辦公室（150 m^2×2 間）、獨立團隊辦公室（50 m^2×3 間）、行政團隊管理辦公室 100 m^2、資訊展示及簡報空間 200 m^2、餐飲空間暨交流互動空間 200 m^2、會議室（30 m^2×4 間）、共用設備空間 200 m^2、機房（50 m^2×2 間）。

2. 出租住宅部分：

需設置三種房型，套房型、一房型與二房型的戶數比約為 2：2：1 為原則，請依國人居住文化與習慣設計，並確保居住環境品質。請自訂各房型面積及戶數數量，總戶數至少 50 戶。

3. 停車規劃：

以地下停車為主，僅須標示車道出入口位置。

（五）圖面要求：

1. 地面層全區配置圖：含外部空間設計，需揭示人車出入位置，比例自訂。

2. 剖面圖兩向，比例自訂。

3. 住宅棟之標準層（或具代表性之樓層）平面圖，說明各房型住宅配置方式、垂直動線安排，無須繪製家具，比例自訂。

4. 規劃重點說明：含量體配置、各房型面積與戶數計算表、人車動線安排、座向及景觀考量。

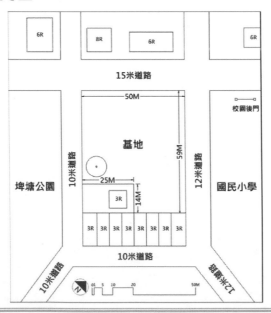

參考題解

請參見附件二 A、附件二 B、附件二 C。

111 年 專門職業及技術人員高等考試試題／建築計畫與設計

一、題旨：

　　　　全球經過流行病疫情的洗禮，以人的方便為絕對優先的剝削式經濟發展遭受挑戰，自然界經過擾動後突顯以人為技術來控制潛在風險的困難，社會運作機制戲劇化變動。做為文明發展的一環，不管是定位為活動的載體、特定文化的表徵，建築面對生活行為的改變及應變管理的需求，須與時俱進調整設計對策及手法。

　　　　人造環境在趨勢上愈顯以公共利益為優先的重要性；共享經濟的概念縮小了建置專屬空間的需求也改變了空間樣態，資源循環倡議不再限於物資進而創造了新興的互助體系。建築師除了於基地內滿足用途需求之外，需要更敏銳地掌握新的生活模式，進一步有創意地強化公共性空間的層次及彈性，促進兼顧群居效益又健康的公共生活。

二、題目：市場複合社區福祉會館

三、基地：

1. 基地面積：梯形基地約 38 m 短邊、61 m 長邊 × 60 m 寬，詳附圖。

2. 使用分區：零售市場用地。

3. 退縮規定：臨寬度十公尺以上道路，供公共使用項目者設專用出入口、樓梯及通道；道路寬度不足者應自建築線退縮補足十公尺寬度後建築，其退縮地不計入法定空地面積，但得計算建築容積。

4. 計畫道路：詳附圖，分別為北側 6 m，西側 8 m，南側 15 m。

5. 允建面積：法定建蔽率為 50%，容積率為 240%。

6. 都市計畫：基地北側及東側為住宅區，南側為學校用地（國民中學），西側住宅區住商混合，鄰近建築物為 4 至 12 層。

7. 地形路況：東南高、西北低，高差最多約 2 m，詳附圖。道路於學校側局部設有計時汽機車停車格。

8. 部分路段有路樹、人行道；西側社區沿街店舖提供豐富的生活機能，北側及東側有零星設施例如廚藝教室、小吃店等。

9. 鄰近社區因適用法規年代未要求自備停車空間，至略有巷弄停車亂象，可藉本基地開發附設停車空間，改善居民停車位不足情形。

四、建築計畫及設計概念說明：（30 分）

　　（一）零售市場

1. 超級市場展售區，約 900 m²
2. 行動軟體購物服務提取區，約 30 m²
3. 物流處理區，約 210 m²
4. 倉庫
5. 複合飲食休憩角
6. 管理辦公室

（二）健康中心

1. 接待區及社區健康講座空間，約 120 m²
2. 物理治療所、心理治療所、醫事檢驗所、疫苗預防接種空間，約 480 m²
3. 社區健康檢查、癌症篩檢及其等候空間，約 600 m²
4. 身心預防保健等其他社區健康促進活動空間，約 240 m²
5. 行政管理辦公區

（三）社區福祉會館

1. 交誼廳暨圖書閱覽室，240 m²
2. 各式學習中心暨關懷據點，約 900 m²
3. 共享食堂含烹調空間，約 240 m²
4. 多功能集會空間，約 240 m²
5. 志工辦公室

（四）門廳、樓電梯、各層梯廳、廁所、機房、儲藏室、汽機車停車、卸貨臨停，及自行車停車、半戶外通廊或陽台，以及其他附屬空間，請依建築法規及服務水準，規劃合理配比。

以上指定用途而未敘明面積之空間，及在開發強度限制內可供未來出租單元，其需求量請自行擬定計畫。

請依前述條件撰寫建築計畫書，文字應簡要並架構分明；內容包括設計目標、環境議題、基地分析、空間需求表，及概述營運管理機制。請儘量以簡圖清楚表達設計意圖。

五、設計圖面要求：（70 分）

1. 地面層平面圖，S：1/300，應清楚呈現地面層室內外層次關係，考慮法定退縮、無障礙通路、相輔相成之景觀綠化，並摘要重要尺寸以說明尺度設計。

2. 各層平面圖，S：1/300，應正確標示比例尺或基準柱心距尺寸以清楚說明空間規模，並呈現動線與主次空間關係；平面相似的樓層無須重複繪製。

3. 剖面圖，S：1/200~1/300，應正確標示樓高，清楚呈現空間層次及創意、結構體與空間之尺寸關係。

4. 主要立面圖，比例不限，應概要說明主要建材、質感變化，並以陰影及粗細線條表現進退面關係。

5. 透視圖：呈現設計特色、量體架構、與環境對話關係。

六、基地位置及現況圖

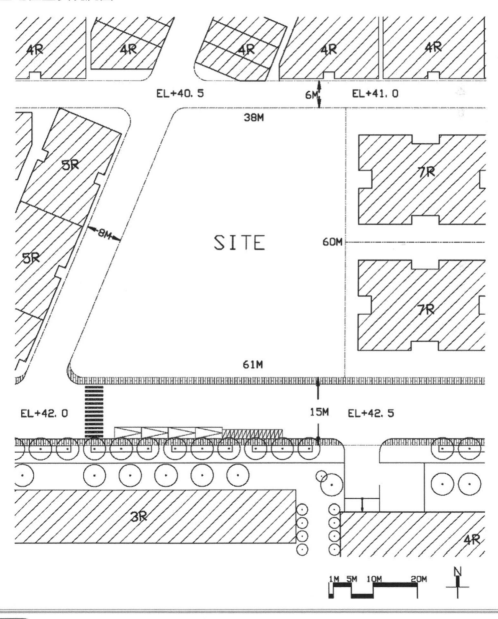

參考題解 請參見附件三 A 1/2、附件三 A 2/2、附件三 B、附件三 C。

地方特考三等

一、建築法對於民眾每日使用的昇降設備採高規格的管理制度。請依據建築法第 77 條之 4 規定，説明建築物附設之昇降設備從施工完成至日後維護檢查的管理程序規定，包括：竣工檢查、維護保養、安全檢查、使用許可等。（25 分）

參考題解

建築物昇降設備及機械停車設備之使用許可：（建築法-77-4）

建築物昇降設備及機械停車設備，非經竣工檢查合格取得使用許可證，不得使用。

建築物昇降設備及機械停車設備安全檢查機構或團體：（建築法-77-4）

（一）由檢查機構或團體受理者，應指派領有中央主管建築機關核發檢查員證之檢查員辦理檢查。

（二）受指派之檢查員，不得為負責受檢設備之維護保養之專業廠商從業人員。

（三）直轄市、縣（市）主管建築機關並得委託受理安全檢查機構或團體核發使用許可證。

（四）檢查機構或團體應定期彙報檢查結果直轄市、縣（市）主管建築機關，直轄市、縣（市）主管建築機關得抽驗之；其抽驗不合格者，廢止其使用許可證。

二、請依據建築技術規則建築設計施工編規定，説明防火構造建築物的防火間隔設計規定。包括：建築物自基地境界線或基地內二幢建築物間之退縮規定、防火時效、阻熱性、開口限制等。（25 分）

參考題解

防火間隔：（技則-II-110）

（一）防火構造建築物之防火間隔：

　　　防火構造建築物，除基地鄰接寬度六公尺以上之道路或深度六公尺以上之永久性空地側外，依左列規定：

　　1. 建築物自基地境界線退縮留設之防火間隔未達一‧五公尺範圍內之外牆部分，應具有一小時以上防火時效，其牆上之開口應裝設具同等以上防火時效之防火門或固定式防火窗等防火設備。

　　2. 建築物自基地境界線退縮留設之防火間隔在一‧五公尺以上未達三公尺範圍內之外牆部分，應具有半小時以上防火時效，其牆上之開口應裝設具同等以上防火時效之

防火門窗等防火設備。但同一居室開口面積在三平方公尺以下，且以具半小時防火時效之牆壁（不包括裝設於該牆壁上之門窗）與樓板區劃分隔者，其外牆之開口不在此限。

3. 一基地內二幢建築物間之防火間隔未達三公尺範圍內之外牆部分，應具有一小時以上防火時效，其牆上之開口應裝設具同等以上防火時效之防火門或固定式防火窗等防火設備。

4. 一基地內二幢建築物間之防火間隔在三公尺以上未達六公尺範圍內之外牆部分，應具有半小時以上防火時效，其牆上之開口應裝設具同等以上防火時效之防火門窗等防火設備。但同一居室開口面積在三平方公尺以下，且以具半小時防火時效之牆壁（不包括裝設於該牆壁上之門窗）與樓板區劃分隔者，其外牆之開口不在此限。

5. 建築物配合本編第九十條規定之避難層出入口，應在基地內留設淨寬一・五公尺之避難用通路自出入口接通至道路，避難用通路得兼作防火間隔。臨接避難用通路之建築物外牆開口應具有一小時以上防火時效及半小時以上之阻熱性。

6. 市地重劃地區，應由直轄市、縣（市）政府規定整體性防火間隔，其淨寬應在三公尺以上，並應接通道路。

三、按內政部依據都市更新條例第 65 條授權訂定之都市更新建築容積獎勵辦法，都市更新事業計畫範圍內之建築基地，得視都市更新事業需要給予建築容積獎勵。請說明上述得給予容積獎勵之項目有那些？（正確項目每一項得 4 分，最高 25 分）

參考題解

都市更新事業之獎助：（更新-65）

（一）都市更新事業計畫範圍內之建築基地，得視都市更新事業需要，給予適度之建築容積獎勵：

1. 獎勵後之建築容積，不得超過各該建築基地一點五倍之基準容積或各該建築基地零點三倍之基準容積再加其原建築容積，且不得超過都市計畫法第八十五條所定施行細則之規定。

2. 有下列各款情形之一者，其獎勵後之建築容積得依下列規定擇優辦理，不受前項後段規定之限制：

（1）實施容積管制前已興建完成之合法建築物，其原建築容積高於基準容積：不得超過各該建築基地零點三倍之基準容積再加其原建築容積，或各該建築基地一點二倍之原建築容積。

（2）前款合法建築物經直轄市、縣（市）主管機關認定屬高氯離子鋼筋混凝土或耐震能力不足而有明顯危害公共安全：不得超過各該建築基地一點三倍之原建築容積。

（3）各級主管機關依第八條劃定或變更策略性更新地區，屬依第十二條第一項規定方式辦理，且更新單元面積達一萬平方公尺以上：不得超過各該建築基地二倍之基準容積或各該建築基地零點五倍之基準容積再加其原建築容積。

3. 符合前項第二款情形之建築物，得依該款獎勵後之建築容積上限額度建築，且不得再申請第五項所定辦法、自治法規及其他法令規定之建築容積獎勵項目。

4. 依第七條、第八條規定劃定或變更之更新地區，於實施都市更新事業時，其建築物高度及建蔽率得酌予放寬；其標準，由直轄市、縣（市）主管機關定之。但建蔽率之放寬以住宅區之基地為限，且不得超過原建蔽率。

四、建築技術規則為建築法授權內政部制定之全國建築技術通則，然依據地方制度法規定，建築管理屬自治事項，多年來內政部已完成數條文之增修，致力讓各地主管建築機關可因地制宜自訂標準，落實自治。請試述現行建築技術規則總則編及建築設計施工編中，有那些項目已可由當地主管建築機關另定設計標準？（正確項目每一項得 4 分，最高 25 分）

參考題解

由直轄市、縣市政府主管機關另訂適用規定、或報經中央主管建築機關核定後得不適用建築技術規則之條文：

（一）直轄市、縣（市）主管建築機關為因應當地發展特色及地方特殊環境需求，得就下列事項另定其設計、施工、構造或設備規定，報經中央主管建築機關核定後實施：

1. 私設通路及基地內通路。

2. 建築物及其附置物突出部分。但都市計畫法令有規定者，從其規定。

3. 有效日照、日照、通風、採光及節約能源。

4. 建築物停車空間。但都市計畫法令有規定者，從其規定。

5. 合法建築物因震災毀損，必須全部拆除重行建築或部分拆除改建者，其設計、施工、構造、及設備規定，得由直轄市、縣（市）主管建築機關另定適用規定，報經中央主管建築機關核定後實施。（技則-I-3-2）

（二）建築物應用之各種材料及設備規格，除中國國家標準有規定者從其規定外，應依本規則規定。但因當地情形，難以應用符合本規則與中國國家標準材料及設備，經直轄市、

縣（市）主管建築機關同意修改設計規定者，不在此限。（技則-I-4）

（三）都市計畫地區新建、增建或改建之建築物，除本編第十三章山坡地建築已依水土保持技術規範規劃設置滯洪設施、個別興建農舍、建築基地面積三百平方公尺以下及未增加建築面積之增建或改建部分者外，應依下列規定，設置雨水貯集滯洪設施：…前項設置雨水貯集滯洪設施規定，於都市計畫法令、都市計畫書或直轄市、縣（市）政府另有規定者，從其規定。（技則-II-4-3）

（四）基地之建蔽率，依都市計畫法及其他有關法令之規定；其有未規定者，得視實際情況，由直轄市、縣（市）政府訂定，報請中央主管建築機關核定。（技則-II-25）

（五）居室應設置能與戶外空氣直接流通之窗戶或開口，或有效之自然通風設備，或依建築設備編規定設置之機械通風設備，並應依下列規定：…第一項第二款廚房設置排除油煙設備規定，於空氣污染防制法相關法令或直轄市、縣（市）政府另有規定者，從其規定。（技則-II-43）

（六）建築物有下列情形之一，經當地主管建築機關審查或勘查屬實者，依下列規定附建建築物防空避難設備…供防空避難設備使用之樓層地板面積達到二百平方公尺者，以兼作停車空間為限；未達二百平方公尺者，得兼作他種用途使用，其使用限制由直轄市、縣（市）政府定之。（技則-II-142）

（七）坵塊圖上其平均坡度超過百分之五十五者，不得計入法定空地面積；坵塊圖上其平均坡度超過百分之三十且未逾百分之五十五者，得作為法定空地或開放空間使用，不得配置建築物。但因地區之發展特性或特殊建築基地之水土保持處理與維護之需要，經直轄市、縣（市）政府另定適用規定者，不在此限。（技則-II-262）

（八）建築基地應自建築線或基地內通路邊退縮設置人行步道，建築基地具特殊情形，經直轄市、縣（市）主管建築機關認定未能依前項規定退縮者，得減少其退縮距離或免予退縮；其認定原則由直轄市、縣（市）主管建築機關定之。（技則-II-263）

111 特種考試地方政府公務人員考試試題／建築營造與估價

一、建築結構耐震設計中，

（一）為何要避免強梁弱柱，而採弱梁強柱的設計？（15 分）

（二）有那些補強手段？並以圖示說明。（10 分）

參考題解

【 **參考九華講義－建築營造與估價 第 11 章 鋼筋混凝土破壞及補強** 】

（一）建築結構受外力（地震力）作用下，構架先以強度抵抗、再進入構件彈性能力抵抗、最後進入塑性階段。當地震力強度足夠，構架於梁柱接頭產生塑性鉸、當塑性鉸破壞行為產生，即梁柱接頭之破壞，整體構架即發生脆性破壞。為避免此情形，應避免強梁弱柱，改採弱梁強柱設計，令構架局部梁於地震力作用下破壞以保持整體構架。

（二）柱構件補強方式

補強方法	內容	補強效益
增加翼牆補強	建築物強度不足，於結構柱兩側增加鋼性牆體（剪力牆）改善，應注意開口、開窗等問題，補強構件與主結構之配合，避免構件變形或二次應力造成破壞，並注意使用需求，局部保留開口部。 翼牆補強	增加構架之鋼性（勁度）
擴柱補強	將結構柱斷面尺寸擴大，配置鋼筋後澆置混凝土。此法應注意貫穿樓板部施工較為複雜、頂部接合處二次施工澆置等問題。　　擴柱補強	增加構架之鋼性（勁度）及韌性均勻化。

補強方法	內容	補強效益
包覆補強（鋼板、帶板、碳纖維網）	將結構柱以補強材料包覆，如鋼板、帶板、碳纖維網等。應注意包覆構材與原結構間應密合，包覆構材固定方式及保護。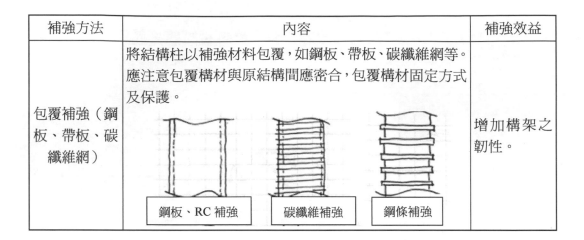 鋼板、RC 補強　　碳纖維補強　　鋼條補強	增加構架之韌性。

二、以校園新建工程為例，試解釋三級品管之組成及其分別執掌概要？（25 分）

參考題解

【 參考九華講義–建築營造與估價 第 30 章 品管及勞安 】

三級品管	組成	執掌
三級	主管機關／工程會	工程施工品質查核制度： 1. 機關之品質督導機制、監造計畫之審查紀錄、施工進度管理措施及障礙之處理。 2. 監造單位之監造組織、施工計畫及品質計畫之審查作業程序、材料設備抽驗及施工抽查之程序及標準、品質稽核、文件紀錄管理系統等監造計畫內容及執行情形；缺失改善追蹤及施工進度監督等之執行情形。 3. 廠商之品管組織、施工要領、品質管理標準、材料及施工檢驗程序、自主檢查表、不合格品之管制、矯正與預防措施、內部品質稽核、文件紀錄管理系統等品質計畫內容及執行情形；施工進度管理、趕工計畫、安全衛生及環境保護措施等之執行情形。
二級	主辦單位／監造單位	施工品質查證系統： 監造範圍、監造組織、品質計畫審查作業程序、施工計畫審查作業程序、材料與設備抽驗程序及標準、施工抽查程序及標準、品質稽核、文件紀錄管理系統等項目。若工程包括有運轉類機電設備者，應另增加「設備功能運轉檢測程序及標準」

三級品管	組成	執掌
一級	承包商	施工品質管制系統： 整體品質計畫之內容，除機關及監造單位另有規定外，應包括： 新臺幣五千萬元以上工程：計畫範圍、管理權責及分工、施工要領、品質管理標準、材料及施工檢驗程序、自主檢查表、不合格品之管制、矯正與預防措施、內部品質稽核及文件紀錄管理系統等。 分項品質計畫之內容，除機關及監造單位另有規定外，應包括施工要領、品質管理標準、材料及施工檢驗程序、自主檢查表等項目。品質計畫內容之製作綱要，由工程會另定之。

三、試針對一抗彎強度不足之鋼筋混凝土之簡支梁，在不拆除重做之前提下，提出至少兩項以上之補強措施，並繪圖說明。（25 分）

參考題解

【參考九華講義－建築營造與估價 第 11 章 鋼筋混凝土破壞及補強】

（一）正彎矩補強

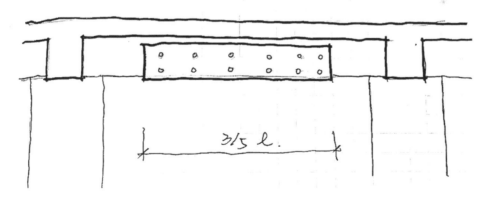

梁正彎矩鋼板補強 立面示意圖

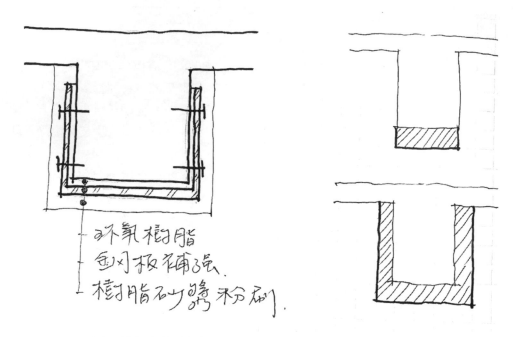

環氧樹脂
鋼板補強.
樹脂砂漿粉刷.

梁正彎矩鋼板補強 剖面示意樑底 或 樑底＋樑側擴樑

（二）負彎矩補強

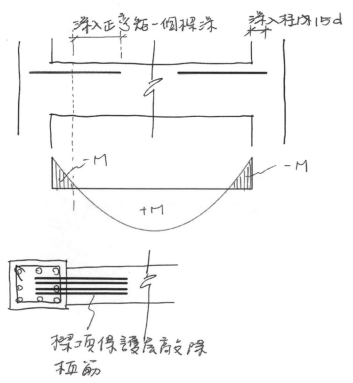

四、試解釋符合二小時防火時效之鋼骨造「柱」與「梁」之內容及組成方式。（25分）

參考題解

【**參考九華講義－建築技術規則設計施工篇 建築營造與估價 第 7 章 混凝土概論、第 23 章 防火工程**】

（一）鋼骨造覆以鐵絲網水泥粉刷其厚度在六公分以上（使用輕骨材時為五公分）以上，或覆以磚、石或空心磚，其厚度在七公分以上者（水泥空心磚使用輕質骨材得時為六公分）。

（二）或其他經中央主管建築機關認可具有同等以上之防火性能者。

　　1. 2 小時防火時效噴覆或塗抹防火被覆材（石膏、珍珠岩、蛭石、石灰、纖維、無機防火材等材料）。

　　2. 2 小時防火時效輕隔間包覆，如箱式、間接式、直接式。

（三）其他依建築技術規則具有二小時以上防火時效之牆壁包覆。

　　1. 鋼筋混凝土造或鋼骨鋼筋混凝土造厚度在十公分以上，且鋼骨混凝土造之混凝土保護層厚度在三公分以上者。

　　2. 鋼骨造而雙面覆以鐵絲網水泥粉刷，其單面厚度在四公分以上，或雙面覆以磚、石或空心磚，其單面厚度在五公分以上者。但用以保護鋼骨構造之鐵絲網水泥砂漿保護層應將非不燃材料部分之厚度扣除。

　　3. 木絲水泥板二面各粉以厚度一公分以上之水泥砂漿，板壁總厚度在八公分以上者。

　　4. 以高溫高壓蒸氣保養製造之輕質泡沫混凝土板，其厚度在七‧五公分以上者。

　　5. 中空鋼筋混凝土版，中間填以泡沫混凝土等其總厚度在十二公分以上，且單邊之版厚在五公分以上者。

　　6. 其他經中央主管建築機關認可具有同等以上之防火性能。

111年 特種考試地方政府公務人員考試試題／建築環境控制

一、第 27 屆聯合國氣候變遷大會（COP27：Conference of Parties 27）於今年 11 月召開，
面對極端氣候與能源危機帶來之災難，本屆重點以「從承諾轉向實踐」，而我國在建
築領域中則以實施綠建築標章制度應對，成效卓著，試問在綠建築評估中之「二氧化
碳減量指標」的規劃設計策略重點為何？請依結構合理化、建築輕量化、耐久化及再
生建材使用四大面向說明之。（30 分）

參考題解

（一）建築物的一磚、一瓦、一鋼筋、一玻璃都是能源的產物，都排放著大量二氧化碳，「CO_2
減量指標」是以減少建材在生產與運輸兩階段的 CO_2 排放量為目標，它與前「日常節
能指標」以減少使用階段的 CO_2 排放量一樣，是減少建築整體 CO_2 排放量重要的一環。
建築物 CO_2 減量有效的對策在於節約建材使用量，其大影響因素在於「結構合理化」、
「建築輕量化」、「耐久化」與「再生建材使用」等四大範疇。

（二）四大面向說明

1. 「結構合理化」的規劃重點

（1）建築平面設計盡量規則、格局方正對稱。

（2）建築平面內部除了大廳挑空之外，盡量減少其他樓層挑空設計。

（3）建築立面設計力求均勻單純、沒有激烈退縮出挑變化。

（4）建築樓層高均勻，中間沒有不同高度變化之樓層。

（5）建築物底層不要大量挑高、大量挑空。

（6）建築物不要太扁長、不要太瘦高。

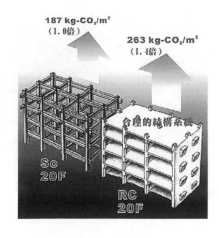

2. 「建築輕量化」的規劃重點

   （1）鼓勵採用輕量鋼骨結構或木結構。

   （2）採用輕量乾式隔間。

   （3）採用輕量化金屬帷幕外牆。

   （4）採用預鑄整體衛浴系統。

   （5）採用高性能混凝土設計以減少混凝土使用量。

3. 「耐久化」的規劃重點

   （1）結構體設計耐震力提高 20~50%。

   （2）柱樑、樓板鋼筋之混凝土保護層增加 1~2cm 厚度。

   （3）屋頂層所有設備以懸空結構支撐，與屋頂防水層分離設計。

   （4）空調設備管路明管設計。

   （5）給排水衛生管路明管設計。

   （6）電氣通信線路開放式設計。

4. 「再生建材使用」的的規劃重點

   （1）採用爐石粉替代率約 30~40%的高爐水泥作為混凝土材料。

   （2）採用再生面磚作為建築室內外建築表面材。

   （3）採用再生骨材作為混凝土骨料。

   （4）採用回收室內外家具與設備。

   （5）使用木構造建築。

   （6）舊建築物再利用。

參考來源：綠建築評估手冊-基本型（2015 版），內政部建築研究所。

二、起源於 2019 年之 COVID-19 病毒肆虐全球，因此防疫建築應運而生，亦為近期建築界
　　熱門議題，試問於建築物理環境與建築設備領域中有何具體設計對策？（30 分）

參考題解

【**參考九華講義－設備－第 3 章　空調設備、第 4 章　給排水（衛生）設備**】

設備種類	對策	內容
空調設備	新鮮外氣導入	1. 自然通風 2. 使用全熱交換器
	循環空氣清淨	1. AHU 使用過濾及殺菌設備。 2. 使用具有過濾及殺菌功能空氣調節機。
	負壓	1. 特殊需求空間（如染疫者臥房）應使用負壓空調。 2. 排出之空調應先過濾消毒，不可再與其他空間混合。
給排水（衛生）設備	衛生器具	1. 感應式器具：水龍頭、給紙機、給皂機等。 2. 自潔淨功能器具。
	中水系統	1. 符合中水水質基準，加強過濾及消毒。 2. 使用於自動系統，避免與人體接觸。
	獨立管線	1. 特殊需求空間（如染疫者臥房）應使獨立排水系統，應收集消毒過濾後排放。 2. 廢棄物集中管道，消毒。
其他	自動門	避免間接接觸感染。
	感應式昇降設備	使用感應器（卡）設定樓層，避免間接接觸感染。
	冷藏需求	增加食品儲藏容積。
	網路設備	增加 Wi-Fi 網路設備。

三、建築物在不考慮使用空調時，如何設計方能具有良好的建築物自然通風，試述其通風
計劃要項為何？請依通風設計之基本原則及室內通風計劃，分別敘述之。（20 分）

參考題解

（一）通風環境鼓勵室內引入足夠之新鮮空氣，尤其要求對流通風設計，以稀釋室內污染物
濃度而保障居家之健康，本題以主要以自然通風型建築為主，應從外環境氣候條件、
地理位置、地形、量體大小、平立面要求、使用類型、建築造型等項目去做全方位考
量。

（二）通風設計之基本原則及室內通風計劃

1. 通風設計基本原則：（寫 3 項就好）

（1）建築物基地須考慮自然風有利位置（利用各種局部地形風之氣流模式）

例如：海陸風、山谷風、山背風、庭院風、林野風、井庭風、街巷風

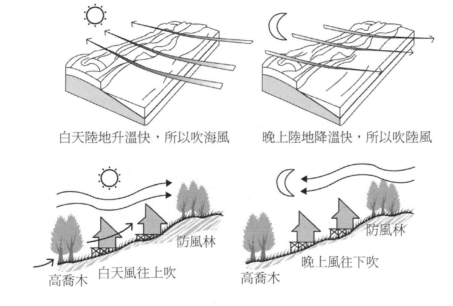

白天陸地升溫快，所以吹海風　　晚上陸地降溫快，所以吹陸風

（2）建築物配置必須配合當地風向

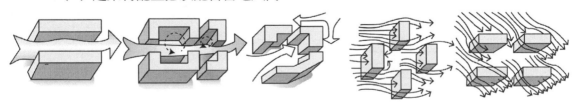

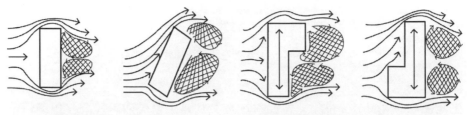

建築物與風向之相對角度　　　　建築物長軸與風向之直角關係配置

（3）依據所需通風換氣量，適當地設計開口部（面積、位置）

　　①風力換氣：考慮風力為自然通風驅動力。

　　②重力換氣：考慮重力（熱浮力）為自然通風驅動力。

　　③綜合通風：在正常狀態下，建築物會同時受到風力與重力（溫度差）影響，因此，開口部氣流流向會受迎風面與背風面以及高度位置之室內外壓差的影響。

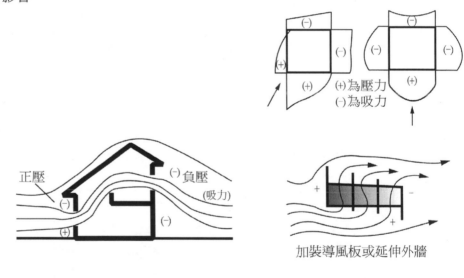

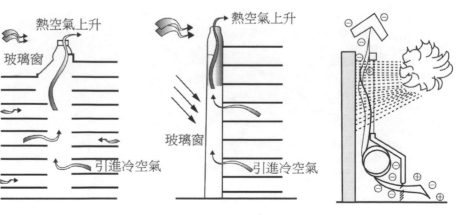

（4）利用室內隔間或室外植栽輔助通風

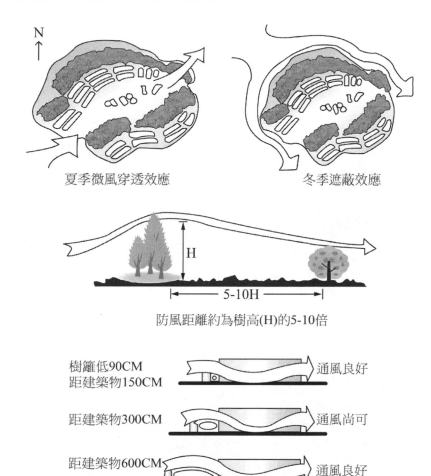

夏季微風穿透效應　　　　冬季遮蔽效應

防風距離約為樹高(H)的5-10倍

樹籬低90CM
距建築物150CM　　　通風良好

距建築物300CM　　　通風尚可

距建築物600CM　　　通風良好

（5）利用開口位置與形式調整通風模式

　　①設計形狀簡單縱深淺短的平面。

　　②開窗面積應≧（樓地板面積）× 1/20

　　③開窗位置的決定以能延長室內通風路徑為原則。

　　④低窗、旋轉窗、外推窗的通風性能較佳。

　　⑤減少不必要隔間，或以可調整之彈性隔間取代。

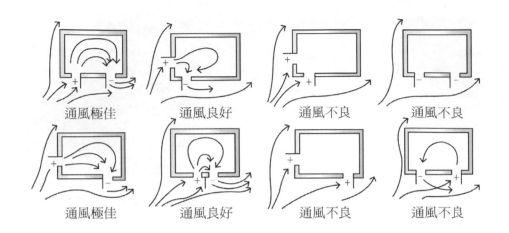

通風極佳　　通風良好　　通風不良　　通風不良

通風極佳　　通風良好　　通風不良　　通風不良

2. 室內設計基本原則：

可自然通風型的建築主要針對以擁有充分可開窗戶與較淺短空間為設計原則，例如：

（1）單側或相鄰側通風路徑開窗之空間深度，在二點五倍室內淨高以內。相對側或多側通風路徑開窗之空間，至少有一向度深度在五倍室內淨高以內。

（2）以通風塔、通風道系統、送風管或其他通風器輔助可達成自然通風效果。

（3）室內通風可利用風的慣性，當建築物有開口時，風經自開口部進入室內，再由室內經由另一開口流出室外，此時室內空氣流動的方向應該和室外空氣流動方向呈現一致，可達成對流。

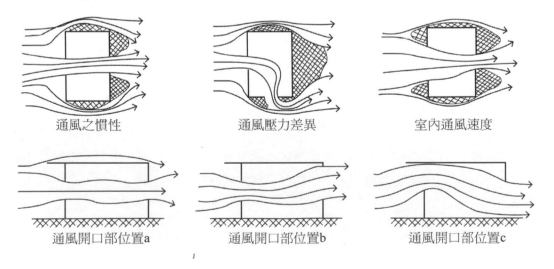

通風之慣性　　　　通風壓力差異　　　　室內通風速度

通風開口部位置a　　　通風開口部位置b　　　通風開口部位置c

（4）戶形式可依室內需求選擇，開窗通風性能：高低窗＞旋轉窗＞外推窗＞翻轉窗＞橫拉式門窗

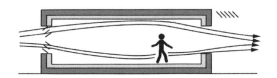 

開窗應與導風板之配置形式相互配合

四、請依建築設備篇規定答覆下列問題：（每小題 10 分，共 20 分）

（一）有關建築物應裝設避雷設備之規定為何？又避雷設備受雷部之保護角及保護範圍有何規定？

（二）有關廚房排油煙設備中，排煙機之裝置有何規定？

參考題解

（一）1. 下列建築物應有符合本節所規定之避雷設備：

一、建築物高度在二十公尺以上者。

二、建築物高度在三公尺以上並作危險物品倉庫使用者（火藥庫、可燃性液體倉庫、可燃性氣體倉庫等）。

2. 避雷設備受雷部之保護角及保護範圍，應依下列規定：

一、受雷部採用富蘭克林避雷針者，其針體尖端與受保護地面周邊所形成之圓錐體即為避雷針之保護範圍，此圓錐體之頂角之一半即為保護角，除危險物品倉庫之保護角不得超過四十五度外，其他建築物之保護角不得超過六十度。

二、受雷部採用前款型式以外者，應依本規則總則編第四條規定，向中央主管建築機關申請認可後，始得運用於建築物。

（二）廚房排除油煙設備

第 103 條

本規則建築設計施工編第四十三條第二款規定之排除油煙設備、包括煙罩、排煙管、排風機及濾脂網等，均應依本節規定。

第 104 條

煙罩之構造，應依左列規定：

一、應為厚度一‧二七公厘（十八號）以上之鐵板，或厚度○‧九五公厘（二十號）以上之不銹鋼板製造。

二、所有接縫均應為水密性焊接。

三、應有瀝油槽，寬度不得大於四公分，深度不得大於六公厘，並應有適當坡度連接金屬容器，容器容量不得大於四公升。

四、與易燃物料間之距離不得小於四十五公分。

五、應能將燃燒設備完全蓋罩，其下邊距地板面之高度不得大於二一〇公分。煙罩本身高度不得小於六十公分。

六、煙罩四週得將裝置燈具，該項燈具應以鐵殼及玻璃密封。

第 105 條

連接煙罩之排煙管，其構造及位置應依左列規定：

一、應為厚度一‧五八公厘（十六號）以上之鐵板，或厚度一‧二七公厘（十八號）以上之不銹鋼板製造。

二、所有接縫均應為水密性焊接。

三、應就最近捷徑通向室外。

四、垂直排煙管應設置室外，如必需設置室內時，應符合本編第九十二條第六款規定加設管道間。

五、不得貫穿任何防火構造分間牆及防火牆，並不得與建築物任何其他管道連通。

六、轉向處應設置清潔孔，孔底距離橫管管底不得小於四公分，並設與管身相同材料製造之嚴密孔蓋。

七、與易燃物料間之距離，不得小於四十五公分。

八、設置於室外之排煙管，除用不銹鋼板製造者外，其外面應塗刷防銹塗料。

九、垂直排煙管底部應設有沉渣阱，沉渣阱應附有適應清潔孔。

十、排煙管應伸出屋面至少一公尺。排煙管出口距離鄰地境界線、進風口及基地地面不得小於三公尺。

第 106 條

排煙機之裝置，應依左列規定：

一、排煙機之電氣配線不得裝置在排煙管內，並應依本編第一章電氣設備有關規定。

二、排煙機為隱蔽裝置者，應在廚房內適當位置裝置運轉指示燈。

三、應有檢查、養護及清理排煙機之適當措施。

四、排煙管內風速每分鐘不得小於四五〇公尺。

五、設有煙罩之廚房應以機械方法補充所排除之空氣。

第 107 條

濾脂網之構造，應依左列規定：

一、應為不燃材料製造。

二、應安裝固定，並易於拆卸清理。

三、下緣與燃燒設備頂面之距離，不得小於一二〇公分。

四、與水平面所成角度不得小於四十五度。

五、下緣應設有符合本編第一〇四條第三款規定之瀝油槽及金屬容器。

六、濾脂網之構造，不得減小排煙機之排風量，並不得減低前條第四款規定之風速。

參考來源：建築技術規則設備篇。

一、請依政府採購法、營造業法、建築法、建築師法等相關營建法規規定，說明何謂統包及辦理統包之目的？就統包工程而言，包括甲方政府機關，乙方統包商（含乙1-營造廠及乙2-建築師事務所），丙方 PCM 專案管理廠商，請說明身為一個具有建築師執照的從業人員，分別在甲、乙（含乙1及乙2）、丙三方可能從事需擁有建築師執照的營建工程專業工作。（25分）

參考題解

統包及辦理目的：（採購法-24）

（一）機關基於效率及品質之要求，得以統包辦理招標。（目的）

（二）前項所稱統包，指將工程或財物採購中之設計與施工、供應、安裝或一定期間之維修等併於同一採購契約辦理招標。（定義）

（三）統包實施辦法，由主管機關定之。

建築師執照的從業人員

需擁有建築師執照	專業工作
甲方政府機關（採購法）	採購專業人員（不須建築師資格）
乙方1-營造廠（建築法）	專任工程人員
乙方2-建築師事務所（建築法）	開業建築師
丙方 PCM 專案管理廠商（技服辦法）	專案管理人員

二、某甲建設公司擬新建一棟 30 層的純住宅大樓，某乙建設公司擬興建一棟 27 層的商業大樓，此 2 棟大樓均已符合建築技術規則設計施工編第 3 章、第 4 章、第 5 章、第 11 章、第 12 章有關建築物防火避難全部之規定。請依建築技術規則總則編規定，說明此二棟大樓申請建造執照時，是否需要辦理防火性能法規相關之防火避難性能設計計畫書或防火避難綜合檢討評定，並說明那些單位可辦理前述評定工作？（25分）

參考題解

下列建築物應辦理防火避難綜合檢討評定，或檢具經中央主管建築機關認可之建築物防火避難性能設計計畫書及評定書；其檢具建築物防火避難性能設計計畫書及評定書者，並得適用

本編第三條規定：（技則-I-3-4）

（一）高度達二十五層或九十公尺以上之高層建築物。但僅供建築物用途類組住宅組使用者，不在此限。

（二）供建築物使用類組商場百貨組使用之總樓地板面積達三萬平方公尺以上之建築物。

（三）與地下公共運輸系統相連接之地下街或地下商場。

下列單位可辦理前述評定工作：（技則-I-3）

建築物防火避難性能設計評定書，應由中央主管建築機關指定之機關（構）、學校或團體辦理。

綜上所述，某甲建設公司新建一棟 30 層的純住宅大樓無須辦理防火避難綜合檢討評定，某乙建設公司興建一棟 27 層的商業大樓需要辦理防火避難綜合檢討評定。

三、請依都市計畫法規定，說明何謂都市計畫？並說明首都、直轄市及特定區計畫之主要計畫，需分別層報那一級主管機關核定或備案？（25 分）

參考題解

都市計畫：（都計-3）

係指在一定地區內有關都市生活之經濟、交通、衛生、保安、國防、文教、康樂等重要設施，作有計畫之發展，並對土地使用作合理之規劃而言。

都市計畫之核定機關：（都計-20、23）

（一）主要計畫：

　　1. 首都：由內政部核定，轉報行政院備案。

　　2. 直轄市、省會及市：由內政部核定。

　　3. 縣政府所在地及縣轄市：由內政部核定。

　　4. 鎮及鄉街：由內政部核定。

　　5. 特定區計畫：縣（市）政府擬定者，由內政部核定；直轄市政府擬定者，由內政部核定，轉報行政院備案；內政部訂定者，報行政院備案。

　　（※主要計畫在區域計畫地區範圍內者，內政部在訂定或核定前，應先徵詢各該區域計畫機構之意見。）

　　（※所定應報請備案之主要計畫，非經准予備案，不得發布實施。但備案機關於文到後三十日內不為准否之指示者，視為准予備案。）

四、目前政府正大力推展建築智慧化過程中，希望建築全生命週期可藉由建築資訊建模技術（Building Information Modeling - BIM），提升建築與建管業務效率與品質。請說明建築全生命週期的意義與包含之工作項目。並說明未來利用 BIM 在輔助建造執照審核過程中，可發揮那些功能及推動時應注意事項。（25 分）

參考題解

（一）BIM 於建築物全生命週期的意義與包含之工作項目：（BIM 於建物全生命週期各階段 - 中國土木水利工程學會）

1. 規劃階段：即時分析

　　（1）量體研究　　　　　　　（6）功能面積研究

　　（2）方案分析　　　　　　　（7）初步預算

　　（3）日照分析　　　　　　　（8）結構分析與設計

　　（4）風場分析　　　　　　　（9）落實設計

　　（5）熱能分析

2. 設計階段：量身訂做

　　（1）設計碰撞檢測　　　　　（5）法規檢討

　　（2）結構計算　　　　　　　（6）系統整合

　　（3）視圖渲染　　　　　　　（7）團隊協同作業

　　（4）面積計算　　　　　　　（8）產出設計圖說

3. 施工階段：數量精算

　　（1）施工中衝突檢討　　　　（6）建材輸送

　　（2）數量精算　　　　　　　（7）設計變更

　　（3）建材分類　　　　　　　（8）成本分析

　　（4）施工排序　　　　　　　（9）價值工程

　　（5）進度排程模擬　　　　　（10）工地管理

4. 營運管理階段：節約開支

　　（1）整合的單一電子檔管理　（5）設備管理

　　（2）動線分析　　　　　　　（6）翻新與升級

　　（3）能耗優化　　　　　　　（7）全生命週期預算

　　（4）空間管理

（二）建造執照審核過程中，可發揮的功能及推動應注意事項：（以 BIM 推動數位化建築管
　　　理新思維建築執照法規檢測為例-黃毓舜）

　　　1. 政府部門審查者在審查流程上包含四個主要的工作依序為：

　　　（1）圖說完整度查核

　　　（2）圖說數值資料查核

　　　（3）空間尺寸確認

　　　（4）確認最終審查結果

　　　2. 推動應注意事項：

　　　（1）法規條文的解析、實務執行經驗的導入（含審查者與設計者經驗，國外論文
　　　　　　稱之為專家決策的知識系統）

　　　（2）幾何邏輯與程式邏輯的轉譯

　　　（3）幾何元件 API 程式的應用

111 特種考試地方政府公務人員考試試題／建築結構系統

一、下圖所示為一座鋼筋混凝土構架結構：

（一）判斷此結構為靜定或靜不定，並說明判斷依據。（5 分）

（二）說明此結構在承受均布垂直載重 w 作用於頂梁情況下，可能發生之開裂模式及配筋要領。（20 分）

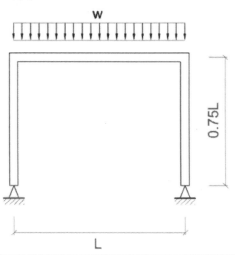

參考題解

（一）$R = b + r - 2j + S = 3 + 4 - 2 \times 4 + 2 = 1$，一次靜不定結構。

（二）混凝土的抗拉能力弱，僅約為抗壓強度十分之一，所以混凝土結構在承受載重後開裂原因與結構各斷面點位所受到的主拉應力有密切關係，而結構受載重作用後，斷面內有撓曲拉、壓應力及剪應力，依應力轉換的觀念，可得各斷面不同位置之最大主應力，當主拉應力超過混凝土之拉力強度而致開裂，可能會產生撓曲裂縫、腹剪裂縫及撓剪裂縫等。

在未受軸力作用下，通常斷面彎矩大、剪力小處易於斷面拉力側端部發生撓曲裂縫。斷面剪力大、彎矩小處，斷面中性軸處易發生斜向開裂。斷面剪力、彎矩較大處則易發生撓剪裂縫，其為由撓曲開裂向內部沿伸，越往中性軸，剪應力越大，拉應力越小，裂縫角度由與軸向垂直逐漸傾向 45 度角，通過中性軸後，剪應力減小，正向力轉壓應力，裂縫角度小於 45 度。以混凝土樑為例之開裂狀況示意如下圖（圖片來自混凝土設計規範）

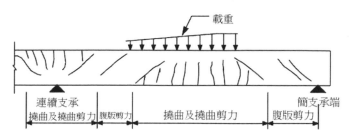

本題依結構配置及受力繪出內力圖示意如下（實際數值需依桿件尺寸、載重大小等因素計算）

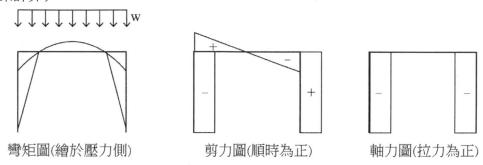

彎矩圖(繪於壓力側)　　　剪力圖(順時為正)　　　軸力圖(拉力為正)

1. 依內力圖概略判斷可能裂縫及說明如下：

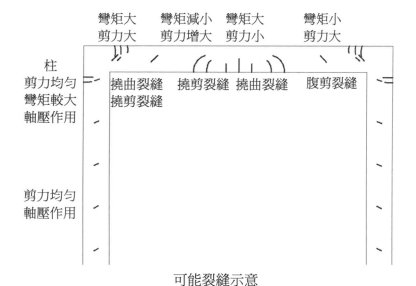

可能裂縫示意

（1）頂樑：未受軸力作用，中央彎矩大（壓力側在上）、剪力小處，樑底撓曲裂縫。
　　鄰中央往兩端，彎矩減小、剪力增大處，撓剪裂縫。再往樑端，彎矩小剪力
　　大處，腹剪裂縫。鄰樑端，彎矩大（壓力側在下）剪力大，樑頂撓曲裂縫及
　　撓剪裂縫。

（2）柱：柱頂，彎矩大（壓力側在柱內側）、剪力均勻，柱外側撓曲裂縫及撓剪裂
　　　縫，但受軸壓力作用，可能減小撓曲裂縫延伸，及影響撓剪裂縫角度。往柱
　　　底，彎矩漸小、剪力均勻，腹剪裂縫，但受軸壓力作用，影響剪力裂縫角度

2. 配筋要領：

（1）頂樑：依彎矩圖之拉力側配置主筋，兩端於鄰樑頂配置主筋，中央處鄰樑底
　　　配置主筋，因彎矩方向變化，考量主筋量、伸展長度及截斷位置等。依剪力
　　　圖配置剪力筋，通常採垂直放置（垂直桿件方向），兩端剪力較大處配置較多
　　　量剪力筋，中央剪力較小處配置較少量剪力筋。

（2）柱：同時承受軸力及單向彎矩，惟一般而言，柱受力通常比較複雜且不確定
　　　性較高，縱向鋼筋通常均勻沿著四周分布排列。單純依剪力圖，整柱均勻配
　　　置剪力筋，惟柱之橫向鋼筋除提供抗剪能力外上，尚有防止主筋挫曲及圍束
　　　核心混凝土作用，需依規範規定特別考量。

二、下圖所示桁架承受一水平集中載重：

（一）判斷此桁架為靜定或靜不定，並說明判斷依據。（5分）

（二）計算構件 a、b、c 所受之力。（20分）

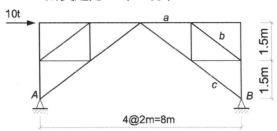

參考題解

（一）$R = b + r - 2j = 18 + 4 - 2 \times 11 = 0$，靜定桁架結構。

（二）設 A 點支承力為 R_A、H_A，B 點支承力為 R_B、H_B，如圖

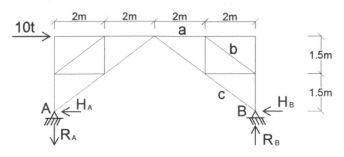

取整體結構，A 點力矩平衡，$\sum M_A = 0$，$R_B \times 8 = 10 \times 3$，得 $R_B = \frac{15}{4}t(\uparrow)$

垂直力平衡，$R_A = \frac{15}{4}t(\downarrow)$

取自由體 1 如右圖，

C 點力矩平衡，

$\qquad R_B \times 4 = H_B \times 3$

得 $H_B = 5t(\leftarrow)$

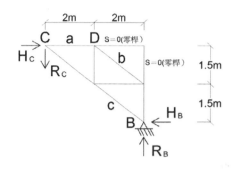

由右圖取 B 點力矩平衡，

得 a 桿軸力 $S_a = 0t$

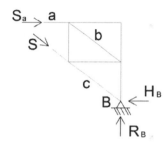

取 B 點水平力平衡，

$\qquad S_c \times \frac{4}{5} = H_B = 5$

得 $S_c = \frac{25}{4}t$（壓力）

取 D 點水平力平衡，

得 b 桿軸力 $S_b = 0t$

> 三、二元系統常用為抵抗地震力之結構系統，試述：
> （一）依我國建築物耐震設計規範，二元系統應具那些特性？（12 分）
> （二）RC 建築物採二元系統時，為使地震載重有效傳遞並避免造成耐震弱點，以圖文
> 　　　說明系統中剪力牆於立面及平面之配置要點。（13 分）

參考題解

（一）依耐震規範，二元系統具以下特性：

1. 具完整立體構架以受垂直載重。

2. 以剪力牆、斜撐構架及韌性抗彎矩構架（SMRF）或混凝土部分韌性抗彎矩構架
　　（IMRF）抵禦地震力，其中抗彎矩構架應設計能單獨抵禦 25%以上的設計地震力。

3. 抗彎矩構架與剪力牆或斜撐構架應設計使其能抵禦依相對勁度所分配到的地震力。

（二）剪力牆為建築結構中常用來抵抗水平力的構材，面內之水平向勁度常遠大於柱，平面
　　上影響建築物剛心位置，若與質心偏移太大，產生過大扭矩，嚴重影響耐震性能，立
　　面上，因剪力牆勁度大，負擔較大水平力，若不連貫，影響力量傳遞及可能造成軟弱
　　層，配置原則如下：

1. 平面上：盡量均勻對稱配置，避免交會於一點，平面上可沿著建築周邊配置形成核
　　狀（外周剪力牆）或者在內部圍成密封的形狀（核心剪力牆）等不同配置方式，整
　　體組成核形寬度越大抗扭力越佳，並具較大的抗傾覆能力，而且要使剛心和質心盡
　　量接近，以減少額外扭矩。

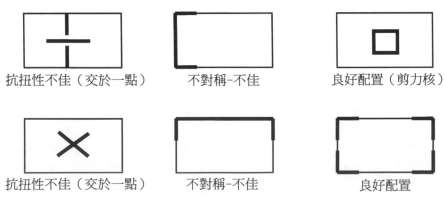

抗扭性不佳（交於一點）　　　不對稱-不佳　　　　良好配置（剪力核）

抗扭性不佳（交於一點）　　　不對稱-不佳　　　　良好配置

剪力牆（粗線）的平面配置示意

2. 立面上：盡量連續配置，避免中途中斷或由一處跳至另一處。

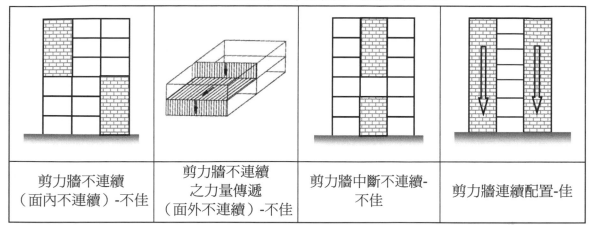

剪力牆不連續 （面內不連續）-不佳	剪力牆不連續 之力量傳遞 （面外不連續）-不佳	剪力牆中斷不連續- 不佳	剪力牆連續配置-佳

四、近年地震中常發生老舊低層典型街屋受震害倒塌之情況，圖(A)及圖(B)所示分別為臺灣老舊低層典型加強磚造街屋之底層平面及二層平面，圖中斜線區域所示皆為磚牆。試分析老舊典型街屋之結構行為特性及耐震弱點。（25 分）

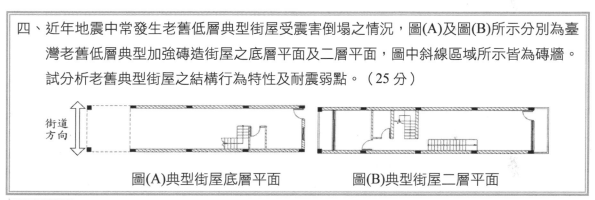

圖(A)典型街屋底層平面　　　　　圖(B)典型街屋二層平面

參考題解

加強磚造為常見的低層典型家屋的建築結構型態，如果經妥善設計施工亦可抵抗較大的地震，惟早期的建築物耐震設計的知識及技術較為欠缺，相關的設計施工規範較為不足，故老舊的加強磚造結構有許多耐震弱點，如鋼筋混凝土構架韌性較差又抗剪強度較不足，鋼筋柱內不當配置管線，亦減少柱的承載力，另 1 樓常當店鋪或車庫使用，沿街道方向牆體可能被拆除或省略，垂直街道方向之騎樓處亦無牆體，上下牆體不連續，而 2 樓以上有窗台、外牆、隔間牆等致結構體勁度較大，形成一相對堅硬的結構，且重量較重，因而可能造成勁度及強度的不規則，形成軟弱底層的結構，於較大地震時 1 樓柱體易造成破壞而致建築嚴重損壞甚至倒塌，而二樓以上結構保持完整的狀況。

本題老舊低層典型加強磚造街屋即為上述結構的狀況，分別以就短向（平行街道方向）及長向（垂直街道方向）來探討結構行為特性及耐震弱點：

（一）短向（平行街道方向）：主由柱承擔水平地震力，若其強度或韌性不足，則可能於地震時破壞而致建物損壞倒塌。另依地震經驗研究，隔間牆或外牆雖可協助提供部分抵抗

水平地震力能力，惟本建物為 2 樓有窗台、前後外牆、1B 及半 B 的隔間牆等，而底層僅中間處有少量的半 B 厚隔間牆及後方外牆，且牆體多不連續，故無法藉由牆體其提升抗震能力，且牆體配置不佳及不連續的狀況可能會有軟弱底層的狀況，在較大地震時反而造成變形量集中在底層而破壞甚至倒塌的狀況。

（二）長向（垂直街道方向）：雖然柱體及牆體之韌性可能較不足，而水平力除柱承擔外，另有 1B 厚磚隔戶牆共同抵抗，其抗水平地震力能力較短向為佳，惟騎樓旁隔戶牆不連續（一層中斷），其對抗震能力之影響須加以評估檢核。

一、依建築法規定，建築物為定著於土地上或地面下具有頂蓋、樑柱或牆壁，供個人或公眾使用之構造物或雜項工作物。請詳細說明下列事項：

（一）何謂供公眾使用之建築物？（5 分）

（二）何謂公有建築物？（5 分）

（三）何謂建築物設計人及監造人？（10 分）

（四）建築物施工中，如發現有主要構造或位置或高度或面積與核定工程圖樣及說明書不符者，監造人應如何處理？（5 分）

參考題解

（一）供公眾使用之建築物：（建築法-5）

為供公眾工作、營業、居住、遊覽、娛樂及其他供公眾使用之建築物。

（二）公有建築物：（建築法-6）

為政府機關、公營事業機構、自治團體及具有紀念性之建築物。

（三）設計人及監造人：（建築法-13）

1. 為依法登記開業之建築師。（※建築物結構與設備等專業工程部分，除五層以下非供公眾使用之建築物外，應由承辦建築師交由依法登記開業之專業工業技師負責辦理，建築師並負連帶責任。）

2. 公有建築物之設計人及監造人，得由起造之政府機關、公營事業機構或自治團體內，依法取得建築師或專業工業技師證書者任之。

（四）施工不合規定或肇致起造人蒙受損失時之賠償責任：（建築法-60）

1. 監造人認為不合規定或承造人擅自施工，致必須修改、拆除、重建或予補強，經主管建築機關認定者，由承造人負賠償責任。

2. 承造人未按核准圖說施工，而監造人認為合格經直轄市、縣（市）（局）主管建築機關勘驗不合規定，必須修改、拆除、重建或補強者，由承造人負賠償責任，承造人之專任工程人員及監造人負連帶責任。

二、依國土計畫法規定，國土功能分區包括國土保育地區、海洋資源地區、農業發展地區
　　及城鄉發展地區。請分別說明農業發展地區及城鄉發展地區各分成那幾類？並請分別
　　說明其分類之劃設原則為何？（25 分）

參考題解

（一）各國土功能分區及其分類之劃設原則如下：（國土-20）

　　　農業發展地區：依據農業生產環境、維持糧食安全功能及曾經投資建設重大農業改良
　　　設施之情形加以劃設，並按農地生產資源條件，予以分類：

　　　1. 第一類：具優良農業生產環境、維持糧食安全功能或曾經投資建設重大農業改良設
　　　　　施之地區。

　　　2. 第二類：具良好農業生產環境、糧食生產功能，為促進農業發展多元化之地區。

　　　3. 其他必要之分類。

（二）城鄉發展地區：依據都市化程度及發展需求加以劃設，並按發展程度，予以分類：

　　　1. 第一類：都市化程度較高，其住宅或產業活動高度集中之地區。

　　　2. 第二類：都市化程度較低，其住宅或產業活動具有一定規模以上之地區。

　　　3. 其他必要之分類。

　　　新訂或擴大都市計畫案件，應以位屬城鄉發展地區者為限。

三、為加速都市危險及老舊建築物之重建，重建計畫範圍內之建築基地，得視其實際需要，
　　給予適度之建築容積獎勵；獎勵後之建築容積，不得超過各該建築基地一點三倍之基
　　準容積或各該建築基地一點一五倍之原建築容積。請依都市危險及老舊建築物建築容
　　積獎勵辦法規定，說明何謂原建築容積？並請說明取得候選等級智慧建築證書之容積
　　獎勵額度規定為何？（25 分）

參考題解

（一）條例第六條用詞定義：（危老獎-2）

　　　1. 基準容積：指都市計畫法令規定之容積率上限乘土地面積所得之積數。

　　　2. 原建築容積：指實施容積管制前已興建完成之合法建築物，申請建築時主管機關核
　　　　　准之建築總樓地板面積，扣除建築技術規則建築設計施工編第一百六十一條第二項
　　　　　規定不計入樓地板面積部分後之樓地板面積。

（二）原建築容積高於基準容積：

　　　重建計畫範圍內原建築基地之原建築容積高於基準容積者，其容積獎勵額度為原建築

基地之基準容積百分之十，或依原建築容積建築。

（三）候選等級智慧建築證書之容積獎勵額度，規定如下：

1. 鑽石級：基準容積百分之十。

2. 黃金級：基準容積百分之八。

3. 銀級：基準容積百分之六。

4. 銅級：基準容積百分之四。

5. 合格級：基準容積百分之二。

重建計畫範圍內建築基地面積達五百平方公尺以上者，不適用前項第四款及第五款規定之獎勵額度。

四、依都市計畫法規定，公共設施用地，應以人口、土地使用、交通等現狀及未來發展趨勢，決定其項目、位置與面積，以增進市民活動之便利，及確保良好之都市生活環境。請說明都市計畫地區範圍內，應視實際情況，分別設置那些公共設施用地？（25分）

參考題解

（一）公共設施用地種類：（都計-42）

1. 道路、公園、綠地、廣場、兒童遊樂場、民用航空站、停車場所、河道及港埠用地。

2. 學校、社教機構、體育場所、市場、醫療衛生機構及機關用地。

3. 上下水道、郵政、電信、變電所及其他公用事業用地。

4. 其他公共設施用地。（加油站、警所、消防、防空、屠宰場、垃圾處理場、殯儀館、火葬場、公墓、污水處理廠、煤氣廠等）

（二）公共設施用地規劃原則：（都計-43）

應就人口、土地使用、交通等現狀及未來發展趨勢，決定其項目、位置與面積。

一、題目：大學社會責任推動中心

二、設計概述：

為強化大專校院與區域連結合作，實踐大學社會責任，培育對在地發展能創造價值的大學生，教育部自 106 年起推行「大學社會責任實踐（University Social Responsibility, USR）計畫」，聚焦在地連結、人才培育、國際連結等面向及各項議題。USR 計畫期望引導夥伴學校師生組成計畫與執行團隊，在區域發展上扮演關鍵的地方智庫角色，主動發掘在地需求、解決問題，探索在地特色發展所需或未來願景，強化在地連結，吸引人才群聚，促進創新知識的運用與擴散，帶動地方成長動能。自 106 年至今已超過 100 所大專院校，累計提出超過 400 個計畫在全臺各地實踐與深耕。

在此脈絡下，某醫學大學在都會區取得一塊基地，規劃做為該校推動 USR 的駐點基地，並以社區高齡者「長健」需求為主題。臺灣已於 107 年邁入高齡社會，社區高齡者對於「長健」之需求相較於長照更須關注。本規劃將與在地社區建立夥伴關係，共同推動青銀共學長健課程，以「活躍運動、健康互動、創藝感動」三大主軸，進而帶動社區共同推動長健課程，建構永續高齡友善社區。

三、基地概述：

基地位於某社區之公有閒置土地上（建蔽率 50%，容積率 200%），面積 1200 平方公尺（30M × 40M）。基地鄰近公園，東臨 10 米道路，南臨 8 米道路。

四、設計要求：

（一）設計需符合「建築物無障礙設施設計規範」。

（二）考慮建築的節能與永續設計。

（三）相關規劃應符合高齡者所需之通用環境設計理念。

五、空間要求：

（一）多功能研習教室（大、中、小各 1 間）。

（二）休閒農藝種植區（園藝和有機菜圃種植）。

（三）輕食區（供中心人員、社區高齡者、學校師生與訪客交流使用）。

（四）教師研究室 6 間。

（五）展示空間 1 間。

（六）圖書資料室 1 間。

（七）行政管理室（可容納 4-6 人）。

（八）停車場、機房、儲藏室、廁所、樓梯等服務空間依法規自訂。

（九）其他有助於「長健」需求與推動高齡友善社區的空間。

六、圖說要求：（比例尺自訂）

（一）整體設計構想與空間需求分析。（20 分）

（二）總配置圖（可與一樓平面整合繪製）、各層平面圖。（40 分）

（三）主要立面圖：兩向、主要剖面圖：一向。（30 分）

（四）其他表現設計構想之透視圖或大樣圖。（10 分）

七、基地圖：

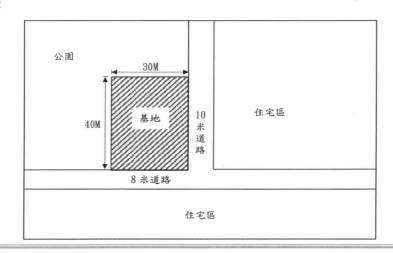

參考題解

請參見附件四 A、附件四 B、附件四 C。

111 特種考試地方政府公務人員考試試題／營建法規概要

一、依據建築技術規則及建築物無障礙設施設計規範之規定，請說明建築物之無障礙設施
　　有那些項目？（25 分）

參考題解

依據建築技術規則及建築物無障礙設施設計規範，無障礙設施項目如下：

無障礙通路、樓梯、昇降設備、廁所盥洗室、浴室、輪椅觀眾席位、停車空間、無障礙標誌、
無障礙客房。

二、依據建築法規定，本法所稱建築物設計人及監造人為建築師，以依法登記開業之建築
　　師為限。但有關建築物結構與設備等專業工程部分，除五層以下非供公眾使用之建築
　　物外，應由承辦建築師交由依法登記開業之專業工業技師負責辦理，建築師並負連帶
　　責任。請問，依現行建築管理制度，上述所稱「專業工業技師」已包含那些科別之技
　　師？（25 分）

參考題解

（一）目前無相關法令規定專業工業技師科別，依據建築法第 13 條範圍及技師法第 13 條第
　　　2 項訂定「建築物結構與設備專業工程技師簽證規則」中第 2 條：本規則所稱建築物
　　　結構與設備專業工程部分，指依建築法所訂之範圍。

（二）以上專業工業技師科別依實務，如下列表：

　　　1. 結構部分：土木技師、結構技師。

　　　2. 設備部分：機電技師、環工技師、水保技師、大地技師、測量技師、水利技師等等。

三、請依據建築技術規則建築設計施工編規定，說明「安全梯」在構造、裝修、出入口、
照明、開口等各方面，都有那些設計規定？（25分）

參考題解

安全梯之構造：（技則-97）

（一）室內安全梯之構造：

1. 安全梯間四周牆壁除外牆依第三章規定外，應具有一小時以上防火時效，天花板及
牆面之裝修材料並以耐燃一級材料為限。

2. 進入安全梯之出入口，應裝設具有一小時以上防火時效且具有半小時以上阻熱性
（且具有遮煙性能）之防火門，並不得設置門檻；其寬度不得小於九十公分。

3. 安全梯間應設有緊急電源之照明設備，其開設採光用之向外窗戶或開口者，應與同
幢建築物之其他窗戶或開口相距九十公分以上。

四、建築法第 77 條是維護既有建築物構造及設備安全最重要的條文之一。請說明在此條文
建構之公共安全檢查簽證申報制度下，建築物所有權人、建築物使用人、主管建築機
關及經中央主管建築機關認可之專業機構或人員，各有何責任？（25分）

參考題解

建築物所有權人、使用人及主管建築機關對於維護建築物合法使用與其構造及設備安全之職
責：（建築法-77）

（一）建築物所有權人、使用人：

1. 應維護建築物合法使用與其構造及設備安全。

2. 供公眾使用之建築物，應由建築物所有權人、使用人定期委託中央主管建築機關認
可之專業機構或人員檢查簽證，其檢查簽證結果應向當地主管建築機關申報。非供
公眾使用之建築物，經內政部認有必要時亦同。

（二）直轄市、縣（市）（局）主管建築機關：

1. 對於建築物得隨時派員檢查其有關公共安全與公共衛生之構造與設備。

2. 對於檢查簽證結果，主管建築機關得隨時派員或定期會同各有關機關複查。

一、為了達到二氧化碳減量的目標，試解釋並比較鋼構造、木構造、RC 構造三種型態之減碳效益高低。（25 分）

參考題解

減碳效益高低比較：

為了達到二氧化碳減量的目標，建築物的建材使用計畫應善加配合之規劃原則		鋼構造	木構造	RC 構造
形狀係數	建築平面規則、格局方正對稱	－	－	－
	建築平面內部除了大廳挑高之外，盡量減少其他樓層挑高設計	－	－	－
	建築立面均勻單純、沒有激烈退縮出挑變化	－	－	－
	建築樓層高均勻，中間沒有不同高度變化之樓層	－	－	－
	建築物底層不要大量挑高、大量挑空	－	－	－
	建築物不要太扁長、不要太瘦高	－	－	－
輕量化設計	鼓勵採用輕量鋼骨結構或木結構	一般	佳	劣
	採用輕量乾式隔間	－	－	－
	採用輕量化金屬帷幕外牆	－	－	－
	採用預鑄整體衛浴系統	佳	劣	佳
	採用高性能混凝土設計以減少混凝土使用量	一般	－	佳
耐久化設計	結構體設計耐震度提高 20~50%	一般	佳	劣
	柱樑鋼筋之混凝土保護層增加 1~2 cm 厚度	－	－	－
	樓板鋼筋之混凝土保護層增加 1~2 cm 厚度	一般	－	一般
	屋頂層所有設備已懸空結構支撐，與屋頂防水層分離設計	－	－	－
	空調設備管路明管設計	一般	佳	劣
	給排水衛生管路明管設計	一般	佳	劣
	電氣通信線路開放式設計	一般	佳	劣

為了達到二氧化碳減量的目標，建築物的建材使用計畫應善加配合之規劃原則		鋼構造	木構造	RC 構造
再生建材	採用高爐水泥作為混凝土材料	–	–	–
	採用高性能混凝土設計以減少水泥使用量	–	–	–
	採用再生面磚作為建築室內外建築表面材	–	–	–
	採用再生磚塊或再生水泥磚作為是外圍牆造景之用	–	–	–
	採用再生級配骨才做為混凝土骨材	–	–	–

參考來源：綠建築九大評估指標：二氧化碳減量。

二、試解釋筏式基礎與連續基礎之差別？（至少列舉三項以上）（25 分）

參考題解

【參考九華講義－第 3 章 基礎概論】

基礎形式		連續基礎（連續基腳）	筏式基礎
簡圖			
差異	基礎形式	屬於淺基礎。	依狀況屬於淺基礎或深基礎。
	傳遞方式	連續基礎係用連續基礎版支承多支柱或牆，使其載重傳佈於基礎底面之地層。	筏式基礎係用大型基礎版或結合地梁及地下室牆體，將建築物所有柱或牆之各種載重傳佈於基礎底面之地層。
	其他用途	連續基礎四周回填土方，無法利用於其他用途使用。	筏式基礎之筏基另可作為各種功能蓄水池（非飲用水）使用、回填劣質混凝土（調整建築物配重）等用途。
適用範圍		適用於上部結構物載重較小且淺層土壤承載性質良好地盤。	較適用於上部結構載物重大且淺層土壤軟弱地盤。

參考來源：建築物基礎構造設計規範。

三、試解釋符合一小時防火時效之木構造牆之內容及組成方式。（25 分）

參考題解

【參考九華講義－第 16 章 木構造】

一小時防火時效之木構造牆：

具垂直承重性能	防火被覆用板材與填充材等,應於防火時效內能維持壁體之垂直承重性能與防火性能。牆骨架採用斷面為 38 mm × 89 mm 或 38 mm × 140 mm 木料,載重比小於 1.0。兩側防火被覆用板材各採用厚度為 15 mm 以上之耐燃一級石膏板（GBR 或 GBF 種類）二層,或厚度為 12 mm 以上之耐燃一級矽酸鈣板二層,或厚度為 15 mm（5/8 in 或 15.9 mm）以上之特殊耐火級石膏板一層,與壁內填充材為厚度 50 mm 以上密度 60 kg/m³ 以上之岩棉所構成壁體,防火時效可認定為一小時。	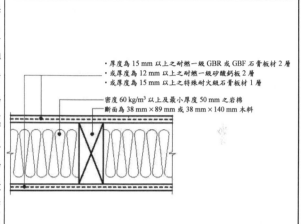
不具垂直承重性能	防火被覆用板材與填充材等,應於防火時效內能維持壁體之防火性能。兩側防火被覆用板材各採用厚度為 15 mm 以上之耐燃一級石膏板,或厚度為 12 mm 以上之耐燃一級矽酸鈣板,與壁內填充材為厚度 50 mm 以上密度 60 kg/m³ 以上之岩棉所構成壁體,防火時效可認定為一小時。	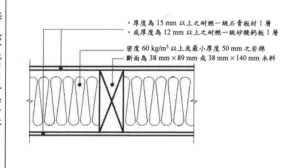

參考來源：木構造建築物設計及施工技術規範。

四、RC 造屋頂薄層綠化設計及施工須注意之重點為何？試繪剖面圖解釋之。（25 分）

參考題解

【參考九華講義－第 21 章 屋頂工程、屋頂綠化技術手冊】

剖面簡圖	
設計及施工須注意之重點	1. 防水層：多層防水原則，轉角處滾圓角或導角。排水落水頭需施作完整。 2. 阻根層：利用物理性和化學性方法阻絕根部，以免防水層被根酸腐蝕。 3. 蓄／排水層：尺寸合理選擇、洩水坡度 2%以上、2 處以上排水原則、女兒牆或收邊材與綠帶間、突出物周圍留設 20 cm 以上排水通道。 4. 介質：考量質輕、保水、通氣、保肥及穩定不易分解等特性。薄層綠屋頂覆土深度一般 ≤30 cm，比重在 0.8 左右，需有良好的排水性。（土壤入滲率 > 10-3 及保水力 > 20%） 5. 植栽：應配合現地環境、氣候（微氣候）配合觀賞性、維護性等，選擇適合之植栽品種。
其他注意事項	1. 建築許可之申請。 2. 結構載重、裂縫、傾斜問題。 3. 洩水坡度及排水。 4. 使用強度、女兒牆高度。 5. 使用面積及限制。 6. 氣候條件，風量、雨量、日照時數。 7. 管理維護。

 **特種考試地方政府公務人員考試試題／建築圖學概要**

一、BIM 建築資訊建模，包含了幾何資訊與非幾何資訊，是可以應用於建築全生命週期的建模與管理技術。請條列說明（一）建築全生命週期的不同階段，以及（二）在不同階段，導入 BIM 技術的任務與其應用。請以表格說明。（50 分）

PS：表格數如果不足、或者多餘，可以自行增減

項次	建築生命週期不同階段	BIM 技術的任務與應用
1		
2		
3		
4		
5		

參考題解

（一）建築全生命週期的不同階段

　　規劃→設計→製造→施工→使用→更新→維護→拆除→回收

（二）在不同階段，導入 BIM 技術的任務與其應用

項次	建築生命週期階段	BIM 技術的任務與應用
1	規劃階段	規劃、標準化和準備，數據定義一定基於實際的數據需求，從項目角度是甲方和乙方的需求才是最終數據需求；若基於企業效率和競爭力，則是各企業級需求。
2	設計階段	可執行性、可協調性與有效性是數據收集階段的要求，目前的 BIMer 絕大多工作在此階段，隨著科技與相關工具的不斷進化，此階段手段會越來越多，效率會越來越高。
3	施工階段	主要指數據交互過程與技術，不同軟體工具、系統平台、各種控制系統等需要實用同一源數據需要交互接口才能識別和處理，這個階段需要很強的軟體開發，大量各層級標準，通常只需熟悉相關標準和知道交互邏輯就可以了，底層的東西都會被相關專業機構定義好，即使有大量個性化需求，只要能清晰描述與定義需求，也是委託相關專業機構進行結構開發就行，除非切入開發自主智慧財產權的軟體或軟硬體系的產品。

項次	建築生命週期階段	BIM 技術的任務與應用
4	維護階段	持續不間斷的數據管理，設計數據的更新、補充、優化以及新應用的支持等等，某種程度包含上面三個階段。
5	回收階段	拆除到回收的流程透過數據更新與軟體模擬調整施工現場作業流程使流程最簡化並減少廢棄物與空氣汙染。

參考資料：https://kknews.cc/news/y35o55k.html

二、請依照物件在投影箱上的俯視圖、左視圖、前視圖、右視圖，繪製同投影箱視角的物件立體圖。（50 分）

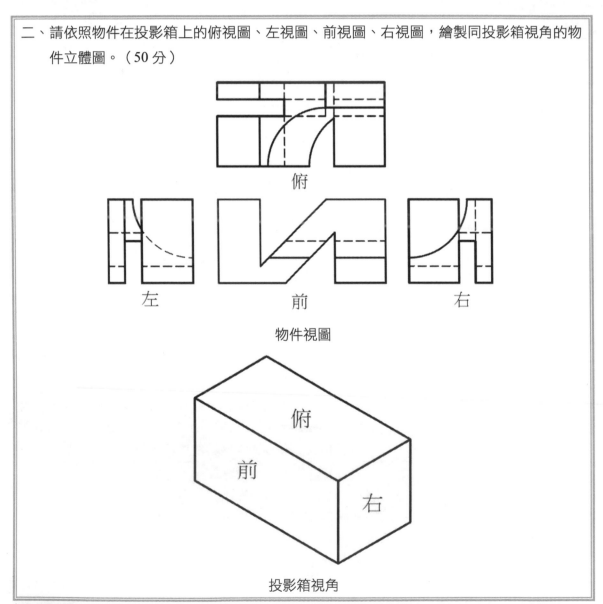

俯

左　　　　前　　　　右

物件視圖

俯

前

右

投影箱視角

參考題解

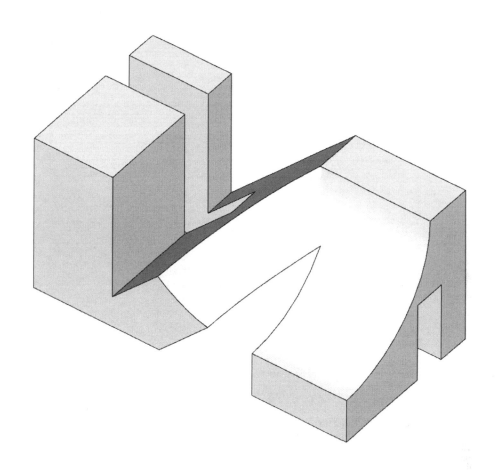

111 **特種考試地方政府公務人員考試試題／工程力學概要**

一、如圖所示構件，a 點為滾支承，d 點為鉸支承。求 d 點鉸支承之水平與垂直方向的反力、a 點滾支承垂直方向反力，及梁桿件在 c 點的彎矩。（25 分）

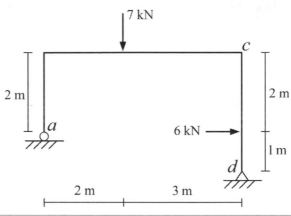

參考題解

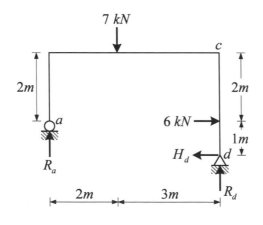 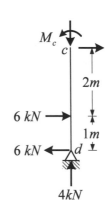

（一）$\sum F_x = 0$, $H_d = 6 \, kN \, (\leftarrow)$

（二）$\sum M_d = 0$, $7 \times 3 = R_a \times 5 + 6 \times 1$ $\therefore R_a = 3 \, kN \, (\uparrow)$

（三）$\sum F_y = 0$, $R_a + R_d = 7kN \Rightarrow R_d = 4kN \, (\uparrow)$

（四）切開 C 點，取出 cd 桿

$\sum M_c = 0$, $M_c + 6 \times 2 = 6 \times 3$ $\therefore M_c = 6 \, kN - m$

二、如圖所示梁桿件，a 點為鉸支承，b 點為滾支承。求 a 點、b 點支承之垂直方向反力，
　　及繪製梁桿件剪力圖及彎矩圖。（25 分）

參考題解

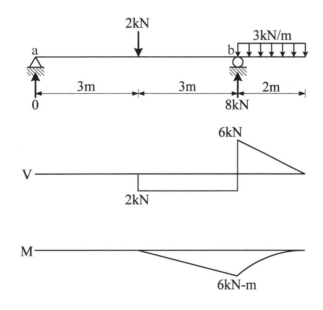

三、如圖所示 ab 鋼纜及 bc 鋼纜，在 b 點承受垂直載重 25 kN，求 ab 鋼纜及 bc 鋼纜的軸力。
（25 分）

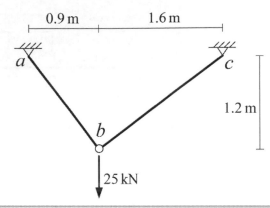

參考題解

（一）$\sum F_x = 0$, $S_{ab} \times \dfrac{3}{5} = S_{bc} \times \dfrac{4}{5}$ ....①

（二）$\sum F_y = 0$, $S_{ab} \times \dfrac{4}{5} + S_{bc} \times \dfrac{3}{5} = 25$ ....②

（三）聯立①②，可得 $\begin{cases} S_{ab} = 20 \ kN \\ S_{bc} = 15 \ kN \end{cases}$

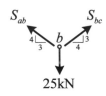

四、求下圖陰影工型斷面的面積 A 及慣性矩 Iₓ、I_y。（25 分）

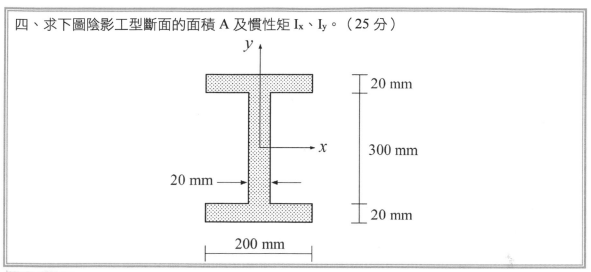

（一）面積：

$$A = 200 \times 20 \times 2 + 300 \times 20 = 14000 \ mm^2$$

（二）慣性矩：

$$I_x = \frac{1}{12} \times 200 \times 340^3 - \frac{1}{12} \times 180 \times 300^3 = 250066667 \ mm^4$$

（三）慣性矩：

$$I_y = \frac{1}{12} \times 20 \times 200^3 \times 2 + \frac{1}{12} \times 300 \times 20^3 = 26866667 \ mm^4$$

參考書目

一、全國法規資料庫　法務部

二、公共工程技術資料庫　公共工程委員會

三、中國國家標準　標準檢驗局

四、建築結構系統　鄭茂川　桂冠出版社

五、建築結構力學　鄭茂川　台隆書店

六、營造法與施工（上冊、下冊）吳卓夫等　茂榮書局

七、營造與施工實務（上冊、下冊）　石正義　詹氏書局

八、建築工程估價投標　王珏　詹氏書局

九、建築圖學（設計與製圖）崔光大　巨流圖書公司

十、建築製圖　黃清榮　詹氏書局

十一、綠建材解說與評估手冊　內政部建築研究所

十二、綠建築解說與評估手冊　內政部建築研究所

十三、綠建築設計技術彙編　內政部建築研究所

十四、建築設備概論　莊嘉文　詹氏書局

十五、建築設備（環境控制系統）周鼎金　茂榮圖書有限公司

十六、圖解建築物理概論　吳啟哲　胡氏圖書

十七、圖解建築設備學概論　詹肇裕　胡氏圖書

附件一 A

建築計畫

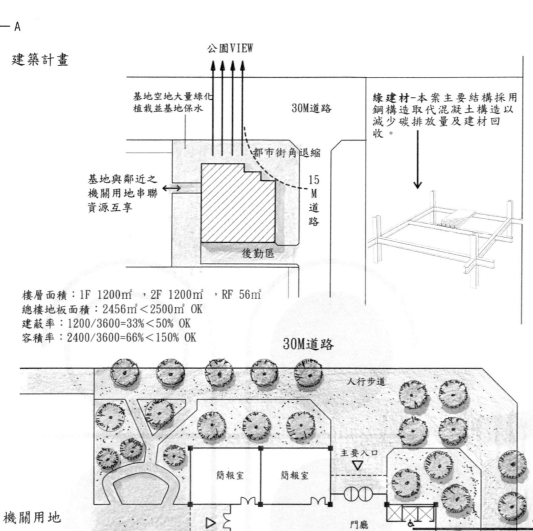

公園VIEW

基地空地大量綠化
植栽並基地保水

30M道路

綠建材-本案主要結構採用
鋼構造取代混凝土構造以
減少碳排放量及建材回
收。

基地與鄰近之
機關用地串聯
資源互享

都市街角退縮

15M道路

後勤區

樓層面積：1F 1200㎡，2F 1200㎡，RF 56㎡
總樓地板面積：2456㎡＜2500㎡ OK
建蔽率：1200/3600=33%＜50% OK
容積率：2400/3600=66%＜150% OK

30M道路

機關用地

人行步道

簡報室　簡報室

主要入口

門廳

A

15M道路

雨水貯留池

展示空間

訪客休憩交流空間

人行步道

機房　男廁　女廁

廚房及咖啡吧檯

次要入口

停車場

商業區

1樓平面暨全區配置圖

111年公務人員高等考試三級建築設計-創新產業研發推展中心設計

陳雲專老師題解

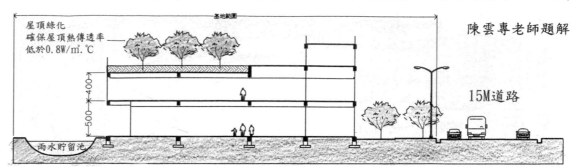

屋頂綠化
確保屋頂熱傳透率
低於0.8W/㎡.℃

基地範圍

15M道路

雨水貯留池

A剖面圖

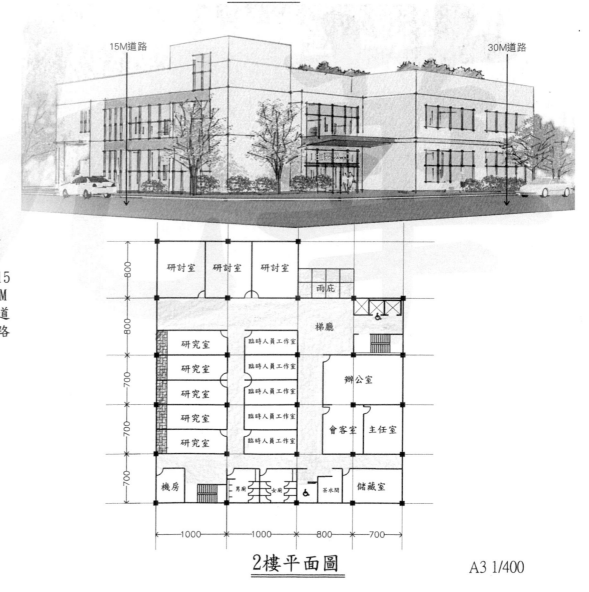

15M道路

30M道路

主要入口

研討室　研討室　研討室

雨庇

梯廳

研究室　臨時人員工作室

研究室　臨時人員工作室　辦公室

研究室　臨時人員工作室

研究室　臨時人員工作室　會客室　主任室

研究室　臨時人員工作室

機房　男廁　女廁　茶水間　儲藏室

1000　1000　800　700

2樓平面圖

A3 1/400

創新產業研發推廣展示中心

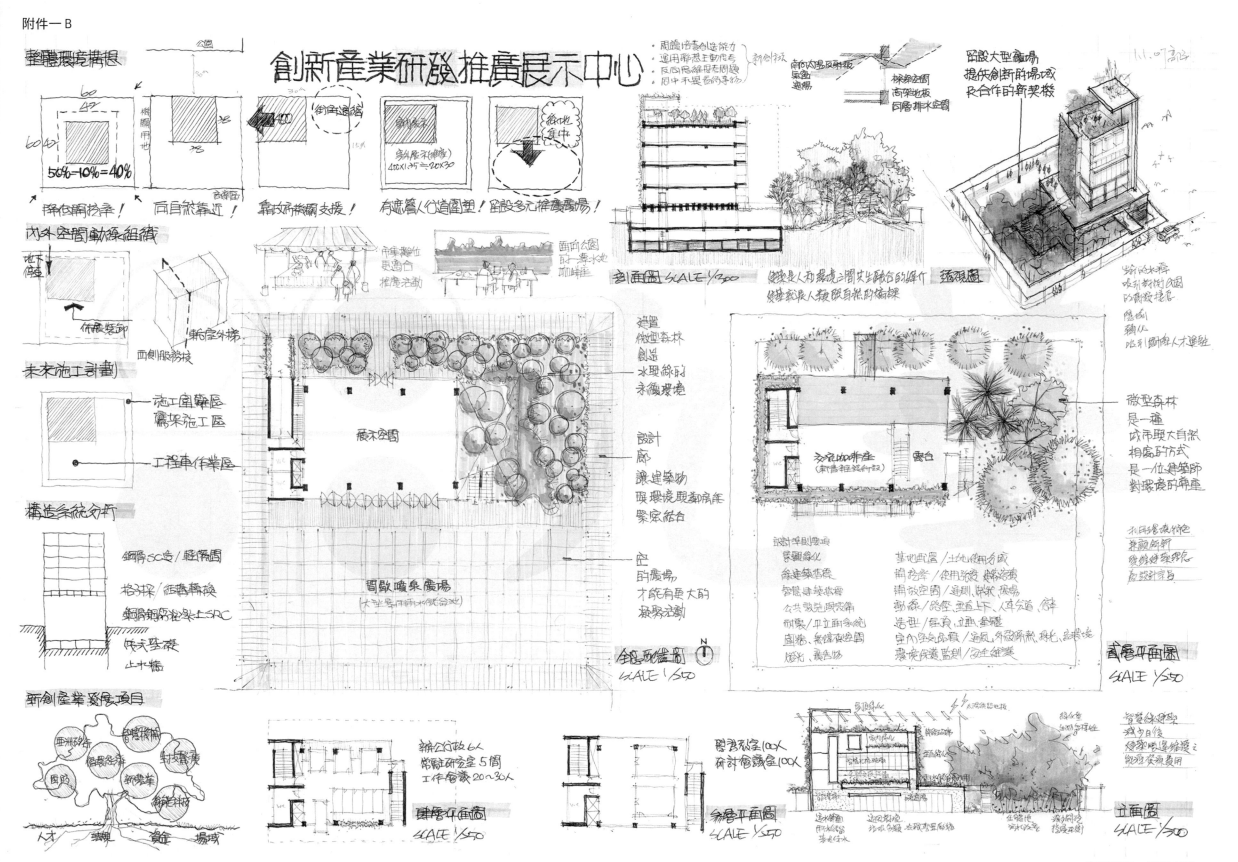

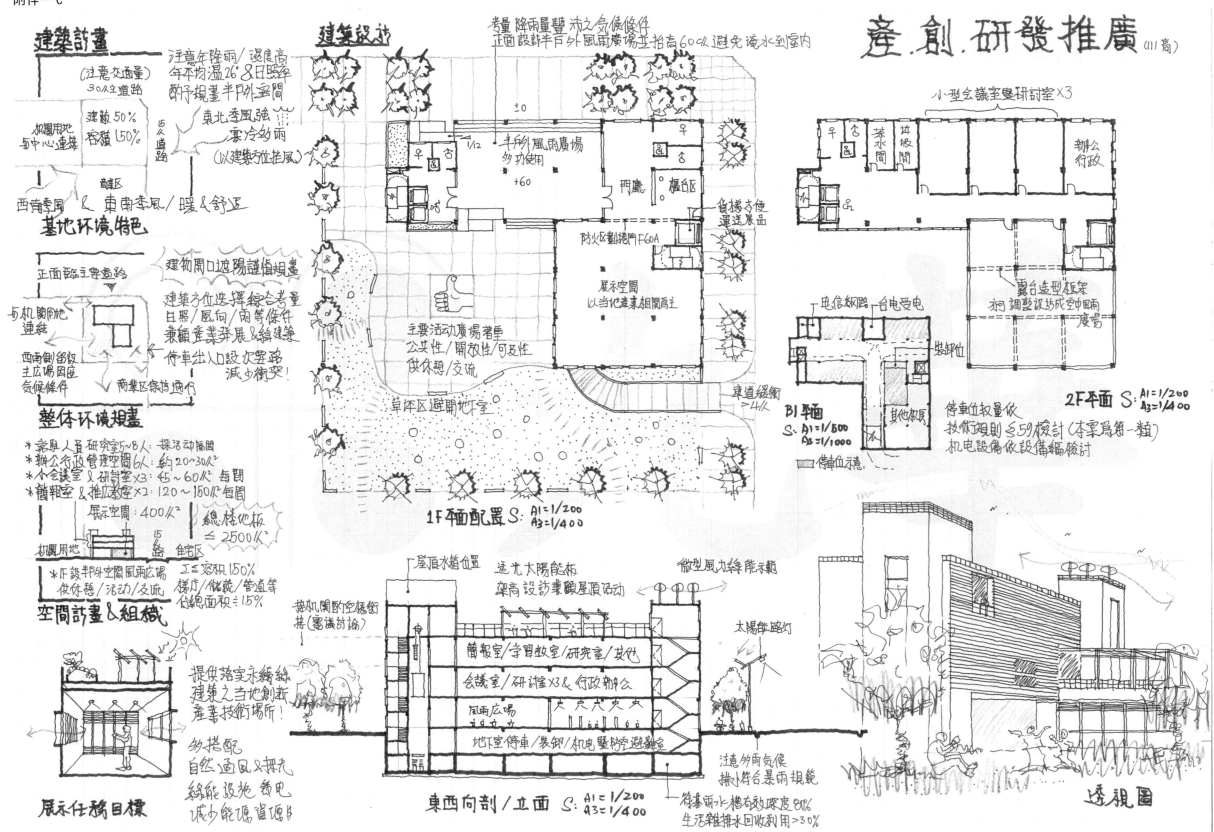

建築計畫

(注意交通量)
30M主道路

建築用地
與中心連接

建蔽 50%
容積 150%

15M道路

離區

西青季風 & 東南季風 / 暖 & 舒適

基地環境特色

正面臨主要道路

與機關用地連接

西南側留設主広場因應氣候條件

兩業區保持通行

整体環境規畫

* 意與人員研究室5~8人: 採活動隔間
* 辦公行政管理空間6人: 約20~30M²
* 小会議室&研討室X3: 45~60M² 每間
* 簡報室&推広教室X2: 120~150M² 每間

展示空間: 400M²

總樓地板 ≤ 2500M²

機關用地   15   備   住宅區

* 仟設邦外空間風雨広場
  供休憩/活動/交流

工≤容積 150%

樓厅/貯藏/管道等合總面積≤15%

空間計畫&組織

提供落实永續綠建築之当地創新產業技術場所

多搭配
自然通風&採光
綠能設施 蓄電
減少能源消耗

展示仟務目標

建築設計

注意年降雨 / 湿度高
年平均温 26°8日照率
酌予規畫半戸外空間

東北季風強
寒冷多雨
(以建築方位抬風)

建物開口遮陽谨慎規畫

建築方位選擇綜合考量
日照/風向/雨等條件
兼顧產業荓展&綠建築

待車出入口設次要路減少衝突!

考量降雨量豐沛之氣候條件
正面設計半戸外風雨廣場並抬高60㎝避免淹水到室内

±0

1/12

半戸外風雨廣場
多功能使用

+60

門廳   櫃位

貨揚方便運送展品

防火区劃捲門 F-60A

展示空間
以当地產業相關爲主

主要活动広場著重
公共性 / 開放性 / 可及性
供休憩 / 交流

草坪区避開地下室

草道緩衝 > 4/人

1F平面配置 S: A1=1/200
A3=1/400

產·創·研發推廣(11高)

小型会議室暨研討室X3

茶水間   坡道間   辦公行政

垃圾間

露台造型框架
拊 調整設施成室中雨廣場

2F平面 S: A1=1/200
A3=1/400

电信網路 台电受电

裝卸位

其他机房

B1平面 S: A1=1/500
A3=1/1000

停車位数量依技術規則 ≤59檢討(本案爲第一類)
机电設備依設備編檢討

停車位示意

屋頂水箱位置

透光太陽能板
架高設訂業顧屋頂活动

微型風力綠能示範

與机關間的空橋街接(審議討論)

簡報室/学習教室/研究室/其他

会議室/研討室X3&行政辦公

風雨広場

地下室停車/装卸/机电暨防空避難室

太陽能路灯

注意多雨氣候
排水符合台暴雨規範

東西向剖/立面 S: A1=1/200
A3=1/400

簷蓄雨水槽有效深度80%
生活雑排水回收利用 >30%

透視圖

111年建築師專技高考敷地計畫與都市設計 【複合型共享辦公基地】 陳雲專 老師 題解 2022.11.27

■申論題(一)

1. 維基百科將韌性城市（resilience city）定義為：「都市系統及其居民在各種衝擊和壓力下保持正常運作，且積極適應並轉向永續發展的可量化的能力」。一座韌性城市就是對自然和人為的、突發和慢性的、預期和未預期到的災害進行評估、計劃並採取行動，以對災害未雨綢繆和積極應對的都市。

2. 盧沛文教授將韌性城市分為兩種面向：韌性城市在面對不確定衝擊時須具有「容受力」及「回復力」，容受力指的是城市在面對衝擊時可以讓災情最小化的能力，回復力則代表城市受到衝擊後儘快恢復正常生活秩序的能力。

3. 李永展教授2015提出建構韌性城市四個思考要素：
一、都市設計能同時具有地方特色又能降低都市災害風險。
二、城市治理跨鄉鎮、跨縣市、跨區域的治理。
三、政府提供有利的資訊幫助城市利害關係人遭遇緊急狀況時有所準備。
四、政府之韌性基礎設施投資應以長程計畫評估以符合基礎設施之生命週期。

■申論題(二)

針對本土氣候條件，設計一條雙向六線道主要道路，導入城市韌性、友善使用構想

法規檢討：
基地面積2600㎡
基地法定建築面積2600㎡*0.45=1,170㎡
基地實設建築面積330+360=690㎡＜1,170㎡ OK
基地法定容積樓地板面積2,600㎡*225%=5,850㎡
實設容積樓地板面積300㎡*11F+330*5F=4,950㎡＜5,850㎡ OK
(實設容積樓地板面積依建築技術規則162條計算)

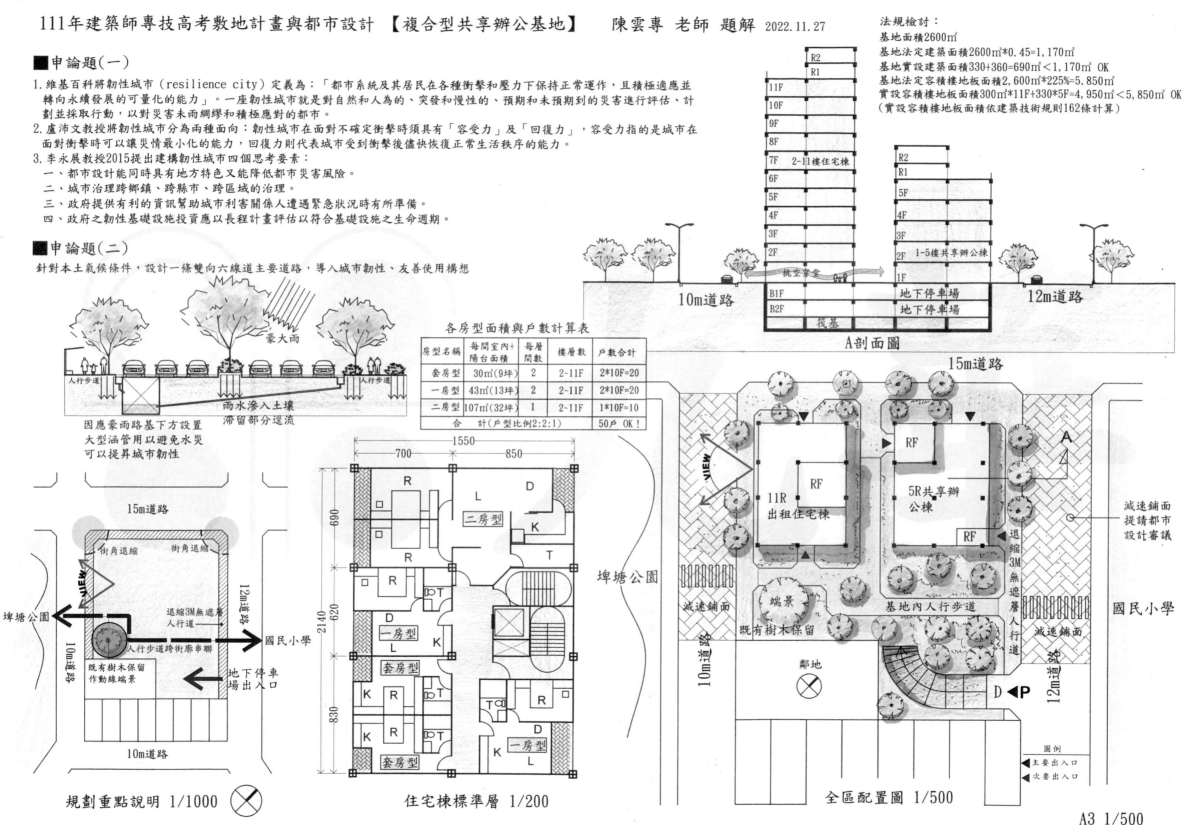

各房型面積與戶數計算表

房型名稱	每間室內+陽台面積	每層間數	樓層數	戶數合計
套房型	30㎡(9坪)	2	2-11F	2*10F=20
一房型	43㎡(13坪)	2	2-11F	2*10F=20
二房型	107㎡(32坪)	1	2-11F	1*10F=10
合計(戶型比例2:2:1)				50戶 OK！

A剖面圖

規劃重點說明 1/1000

住宅棟標準層 1/200

全區配置圖 1/500

A3 1/500

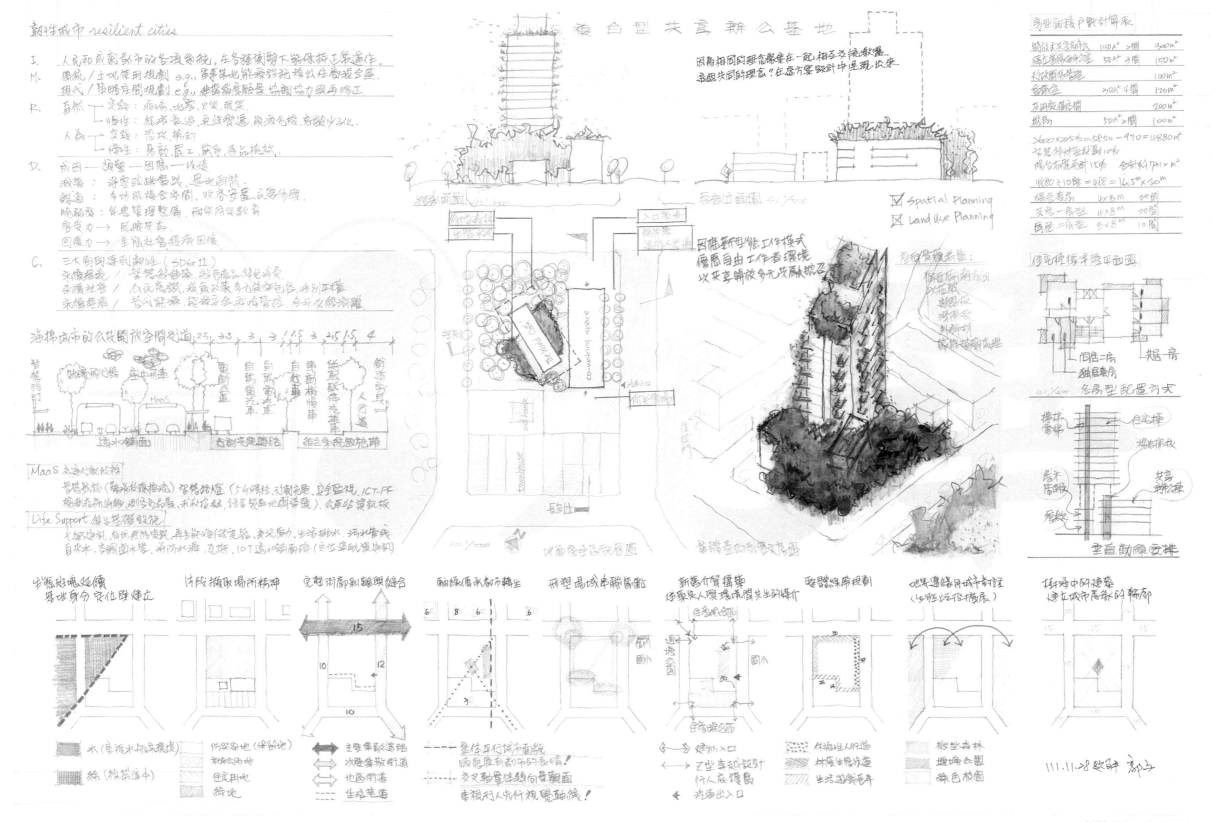

附件二 C

一、申論題

有關氣候變遷連動環境異變/各種災害事件
對人類居住環境之衝擊於都市設計層面及
公共開放空間設計之應用等申述如下：

(一)韌性城市概念…都市設計層面之要素
有關韌性城市之定義「都市系統及居民在各種
衝擊及壓力下保持正常運作並轉向永續發展」
以此思考都市設計層面之要項如下：

1. 公共開放空間系統：留設廣場式開放空間避難
2. 人行步道系統：行道樹等綠帶採下凹式
3. 交通運輸系統：救災車輛動線佈設
4. 基地細分規模，容積..量及設容量
5. 建築量體高度造型色彩風格考量智慧綠建築
6. 環境保護措施，排水設施..等注意
7. 景觀計畫：樹木排列避免影響救災
8. 管理維護計畫：災害發生時各項公設運行机制

(二)都市公共開放空間街道…新開發都市
環境…考量防災…友善使用者
設計双纸元道之主要道路

整体規畫取延續性之帶狀開放空間高低差通用設計

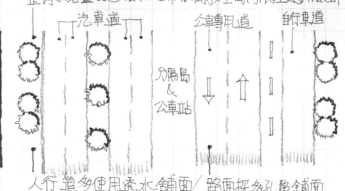

人行道多使用透水舖面/路面採多孔隙舖面
(海綿馬路)

道路號誌系統智慧化設計/定位雲端設施
配合当地交評相關規範使其落實

都市整体綠覆&透水率&排水設計規範
訂於土管等規範地方確實要求&落實

二、設計題

(1)量體配置：
辦公棟+套房+一房型
配於15M道路側(較高)
二房型棟戶數較少
量体低配輔側減少困

(2)房型面積&戶數
套房&一房&二房 2:2:1
戶數≧50戶

(3)景觀考量
基地內既有樹與其他植栽要
和公園整合

(4)人動動線
車道破口留設
衝擊小的位置

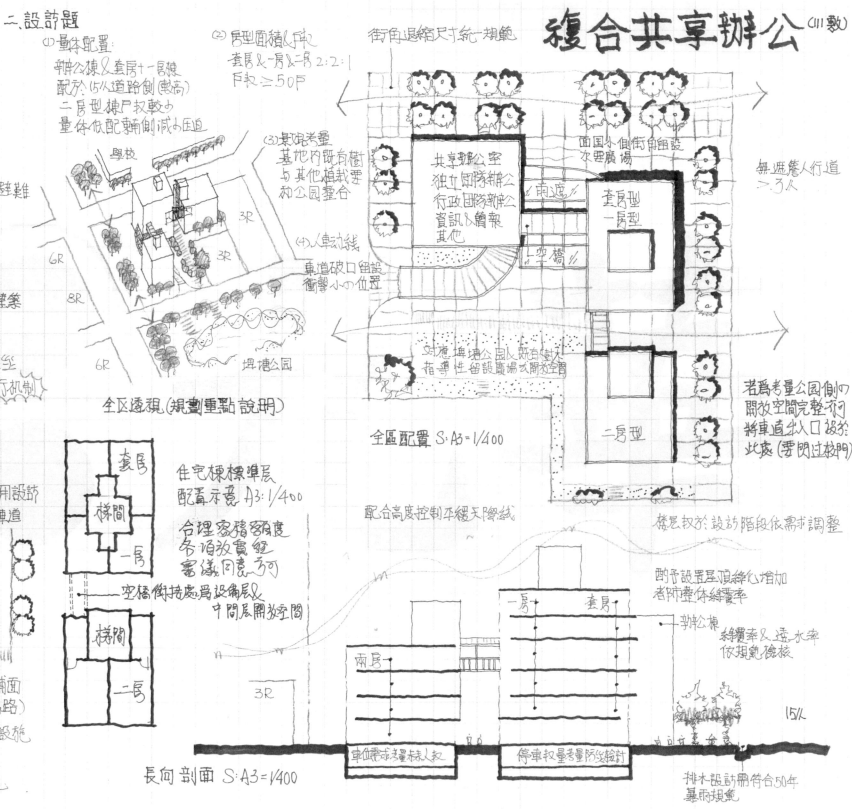

複合共享辦公 (111數)

全區透視(規劃重點說明)

住宅棟標準層
配置示意 A3:1/400

合理容積密度
各項放寬經
審議同意可可

空橋銜接處層設備層&
中間層開放空間

全區配置 S:A3=1/400

配合高度控制平緩天際線

長向剖面 S:A3=1/400

街角退縮尺寸統一規範
面國小側街角留設次要廣場
無遮簷人行道 2-3人

共享辦公室
独立團隊辦公
行政團隊辦公
資訊&簡報
其他

套房型
一房型

二房型

對應埤塘公園&既有樹木
指導性留設廣場或開放空間

若為考量公園側的
開放空間完整行
將車道拚入口設於
此處(要閃過校門)

樓层叔於設計階段依需求調整

酌予設置屋頂綠化增加
考慮整体綠覆率

綠覆率&透水率
依規範檢核

車位需求量核人叔
停車数量考量防災檢討

排水設計需符合50年
暴雨規範

3R

15/L

111年建築師專技高考建築設計　【市場複合社區福祉會館】　陳雲專 老師 題解 1/2

設計目標：建構一個零售市場/健康中心/社福機構三位一體共構分管之優良複合式社區建築

環境議題：
1. 改善附近停車位不足問題
2. 退縮開放空間，提供人行步道與國民中學連結，方便學生上下學。
3. 建築配置正南北向，減少建築日照負荷
4. 屋頂綠化

基地分析：

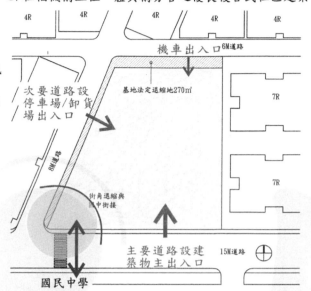

南向正立面圖

空間需求表（題目未敘明面積之空間）

建築計畫書

使用分類	空間名稱	數量(間)	每間面積㎡	空間屬性
零售市場	倉庫	1	200	私密
	複合飲食休憩角	1	70	公共
	管理辦公室	1	30	半公共
健康中心	物理治療所	1	150	私密
	心理治療所	1	120	私密
	醫事檢驗所	1	150	私密
	疫苗預防接種空間	1	140	私密
	社區健康檢查空間	1	290	私密
	癌症篩檢空間	1	300	私密
	行政管理辦公區	1	100	半公共
	健身房	1	120	私密
社區福祉會館	大型學習中心	2	170	半公共
	中型學習中心	2	120	半公共
	小型學習中心	1	90	半公共
	志工辦公室	1	60	半公共

透視圖

營運管理機制：
1. 零售市場人潮進出量大，為公共空間屬性，須設於一、二樓層，獨立出入口方便民眾進出。
2. 零售市場進貨量大、補貨頻繁，需要大型卸貨區，進貨動線由8M道路進出，不使用6M巷道，以免過窄堵塞。
3. 健康中心與社區福祉會館屬半公共半私密空間，營運時間與市場不一致，須與市場分開管理，具獨立出入口。

A3 1/400

111年建築師專技高考建築設計　【市場複合社區福祉會館】　陳雲專 老師 題解 2/2

法規檢討：
基地面積3000㎡
基地法定退縮地面積270㎡
基地使用面積3000㎡-270㎡=2730㎡
基地法定建築面積2730㎡*0.5=1,365㎡
基地實設建築面積1,160㎡＜1,365㎡ OK
基地法定容積樓地板面積3000㎡*240%=7200㎡
實設容積樓地板面積1100㎡*6F=6,600㎡＜7,200㎡ OK
（實設容積樓地板面積依建築技術規則162條計算）

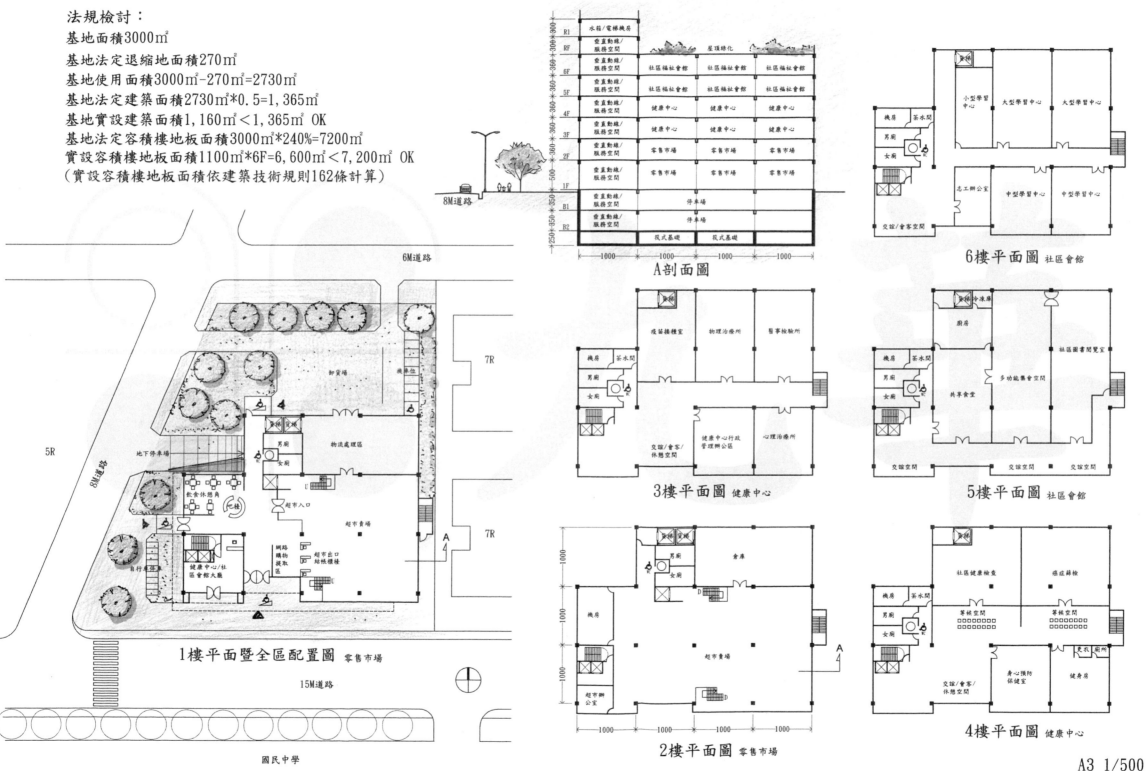

A剖面圖

6樓平面圖 社區會館

3樓平面圖 健康中心

5樓平面圖 社區會館

1樓平面暨全區配置圖 零售市場

2樓平面圖 零售市場

4樓平面圖 健康中心

A3 1/500

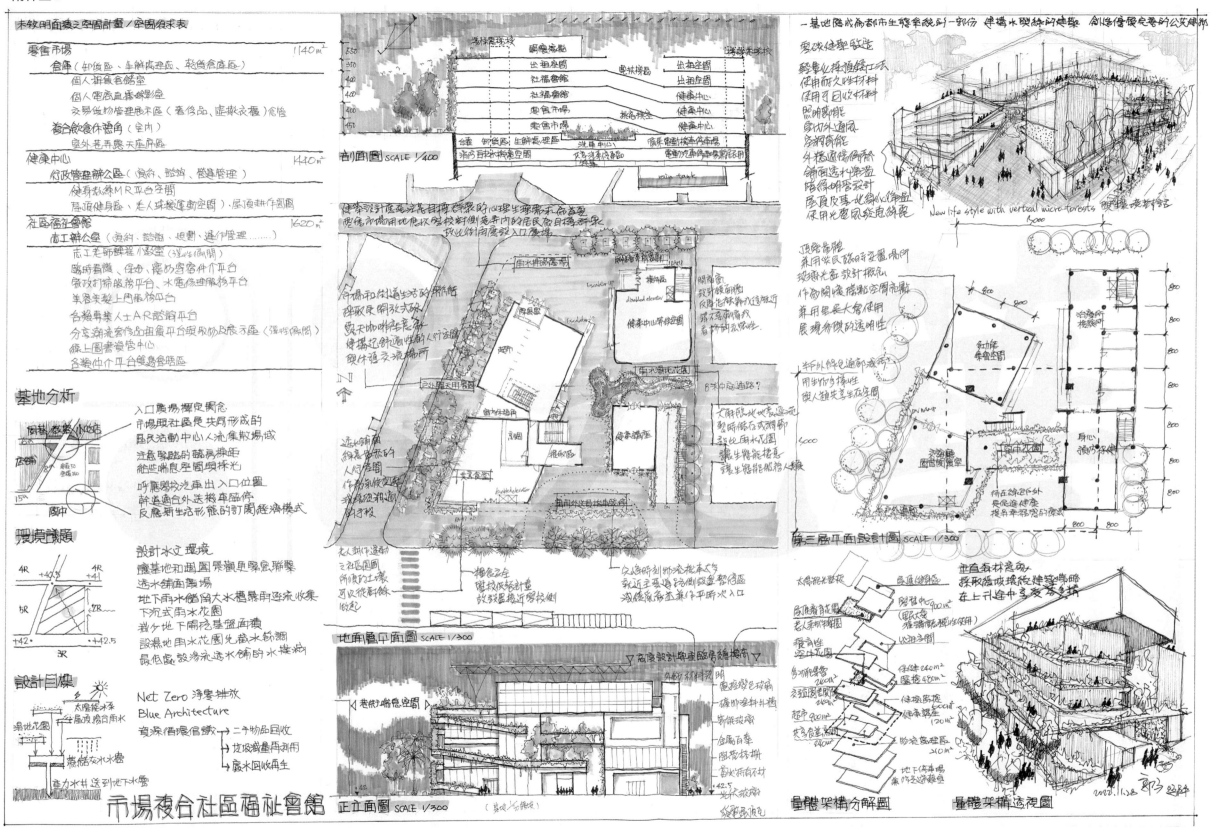

市場複合社區福祉會館

市場複合社福館 (11專技)

建築計畫

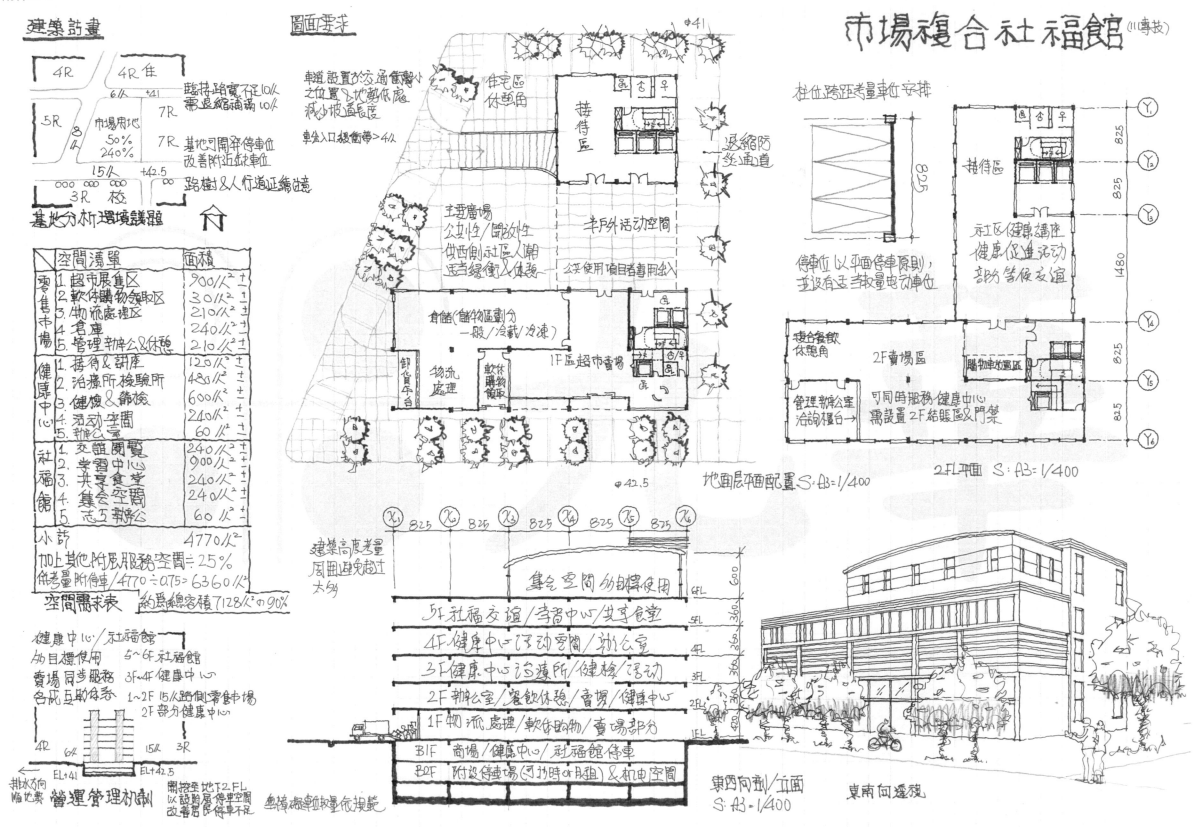

臨接路寬不足10M 需退縮補滿10M

基地可開年停車位 改善附近缺車位

路樹 & 人行道延續改善

基地分析 環境議題

空間清單

	空間清單	面積
零售市場	1. 超市展售區	900M²±
	2. 軟体購物領取區	30M²±
	3. 物流處理區	210M²±
	4. 倉庫	240M²±
	5. 管理辦公 & 休憩	210M²±
健康中心	1. 接待 & 訊庫	120M²±
	2. 治療所 檢驗所	420M²±
	3. 健檢 & 篩檢	600M²±
	4. 活動空間	240M²±
	5. 辦公室	60M²±
社福館	1. 交誼閱覽	240M²±
	2. 學習中心	900M²±
	3. 共享食堂	240M²±
	4. 集會空間	240M²±
	5. 志工辦公	60M²±
小計		4770M²

加上其他附屬服務空間 ≒ 25%

供考量所停車/4770÷0.75=6360M²

約是總容積 7128M² 的 90%

空間需求表

健康中心 / 社福館

加目標使用

賣場同步服務

名區互助休系

5~6F 社福館
3F~4F 健康中心
1~2F 15M路側零售市場
2F 部分健康中心

排水方向
臨地費

營運管理機制

圖面要求

車道設置於交通量較小之位置 & 地勢低處 減少坡道長度

車道入口緩衝帶 > 4M

住宅區 休憩角

接待區

退縮防災通道

主題廣場
公共性/開放性
供西側社區人開
連青緣衝 & 休憩

半戶外活動空間

公共使用項目者專用出入

倉儲(儲物區劃分
一般/冷藏/冷凍)

卸貨平台

物流處理

軟体購物領取

1F區超市賣場

ϕ42.5

地面層平面配置 S:A3=1/400

剖面

建築高度考量
周圍避免超過
太多

集會空間 幼目標使用

6FL
5F 社福交誼/學習中心/共享食堂
4F 健康中心/活動空間/辦公室
3F 健康中心/治療所/健檢/運動
2F 辦公室/餐飲休憩/賣場/健康中心
1F 物流處理/軟体購物/賣場部分
B1F 商場/健康中心/社福館停車
B2F 附設停車場(可扬時 or 月租) & 机電空間

東西向剖/立面
S:A3-1/400

柱位跨距考量車位安排

825 / 825 / 825 = 1480 / 825 / 825 / 825

接待區

社區健康講座
健康促進活動
志工等候交誼

接待餐飲
休憩角

2F賣場區

購物車放置區

管理辦公室
諮詢櫃台

可同時服務 健康中心
需設置 2F結賬區 & 門禁

2FL平面 S:A3=1/400

停車位以垂直停車原則,
並設有足夠數量電动車位

東南向透視

111年特種考試地方政府公務人員建築設計　【大學社會責任推動中心】　陳雲專 老師題解

空間需求分析

空間名稱	空間屬性	建議設置樓層	是否需要景觀視野	卸貨/後勤支持	空間單元大小(㎡)	單元數量(間)	空間總面積(㎡)
輕食區(含廚房)	公共	1F	○	○	120	1	120
展示空間	公共	1F	○	×	80	1	80
行政管理室	半公共	1F	△	×	40	1	40
多功能研習教室(大)	半公共	2F	○	×	150	1	150
多功能研習教室(中)	半公共	2F	○	×	80	1	80
多功能研習教室(小)	半公共	2F	○	×	40	1	40
圖書資料室	半公共	3F	△	△	80	1	80
教師研究室	私密	3F	○	×	25	6	150

法規檢討：

基地面積1200㎡

基地法定建築面積1200㎡*0.5=600㎡

基地實設建築面積481㎡＜600㎡ OK

基地法定容積樓地板面積1,200㎡*200%=2,400㎡

實設容積樓地板面積450㎡+481㎡+446㎡=1,377㎡＜2,400㎡ OK

(實設容積樓地板面積依建築技術規則162條計算)

建築技術規則建築設計施工編第59條法定停車數量計算

1377㎡-500㎡=877㎡/200㎡=5輛 OK

❶整體設計構想

A剖面圖

透視圖

10m道路

1樓暨全區配置平面圖

8m道路

2樓平面圖

3樓平面圖　A3 1/300

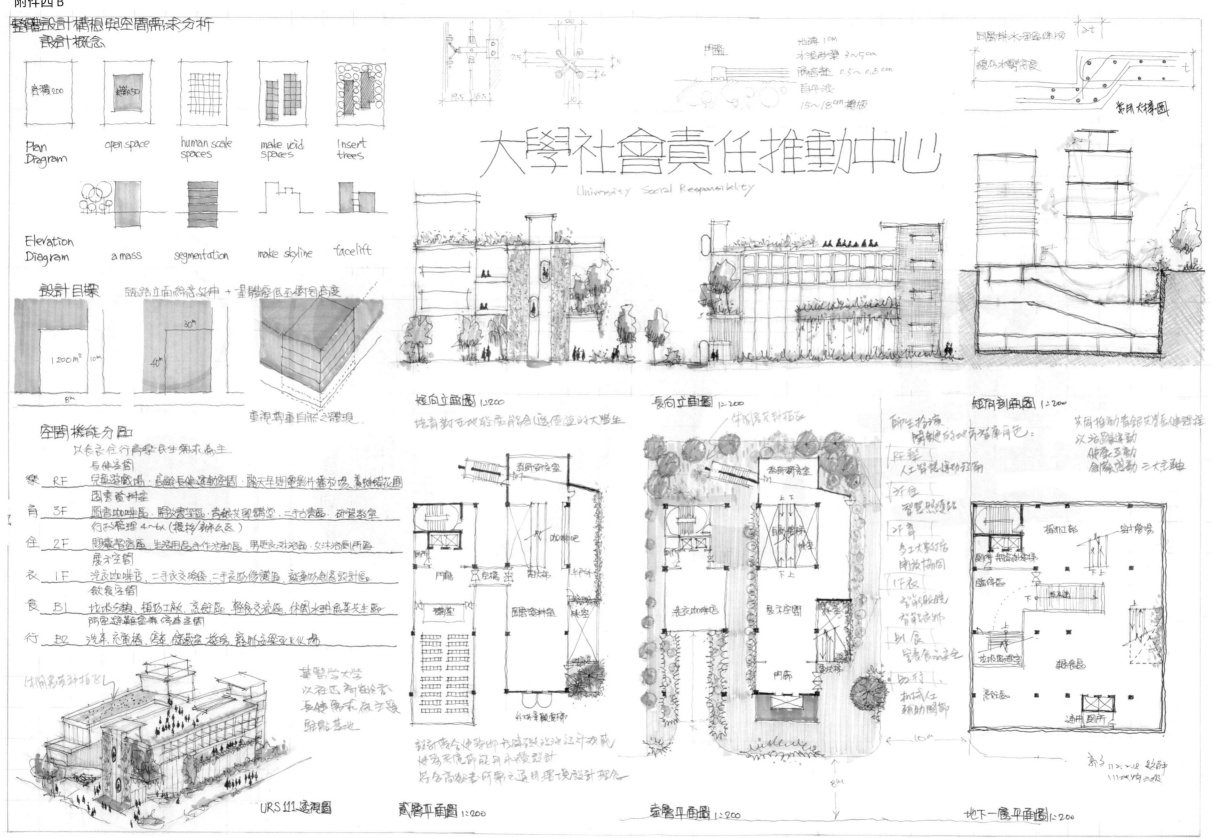

大學社會責任推動中心
University Social Responsibility

大學社會推動中心 (011特)

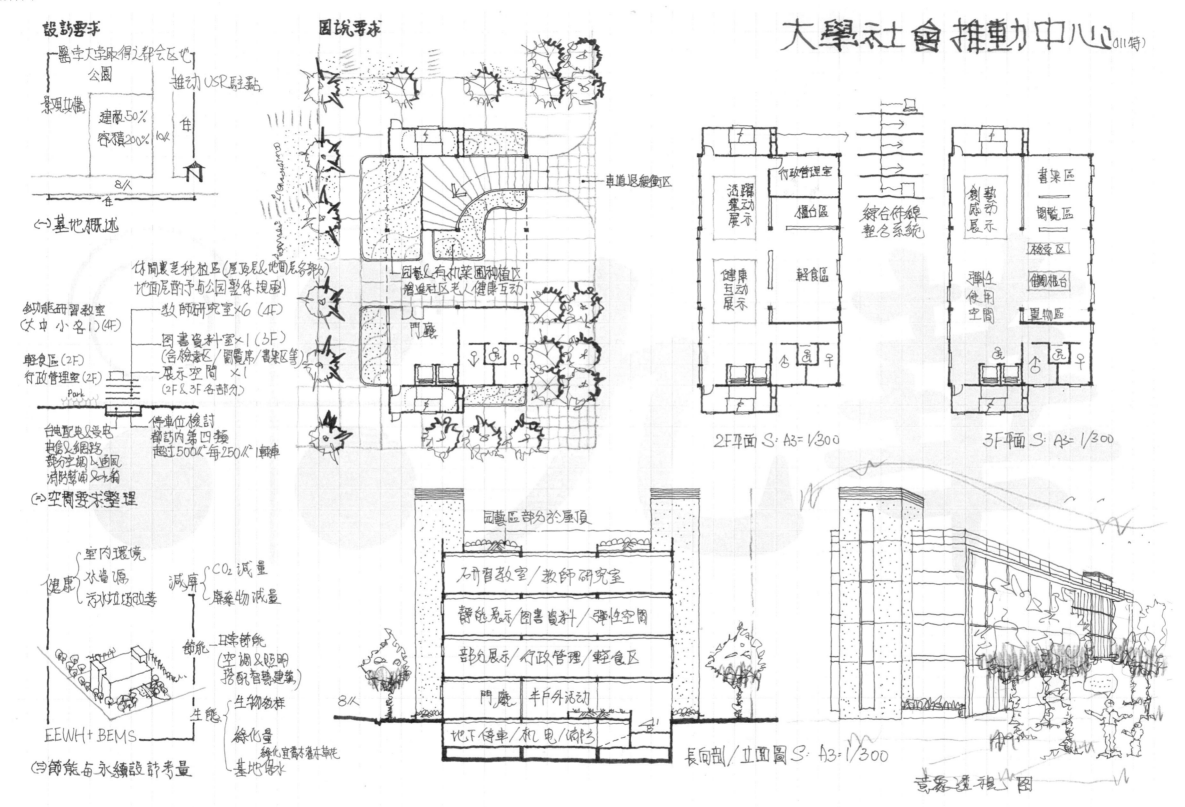

設計要求

圖說要求

(一)基地概述
- 鄰寺大型取得之都會區地
- 公園
- 景觀北備
- 建蔽50% 容積200% 10F
- 推動 USR 駐點

(二)空間要求整理
- 休閒農業種植區(屋頂及地面層各部分 地面層配予与公園整體規劃)
- 教師研究室×6 (4F)
- 圖書資料室×1 (3F)(含檢索區/閱覽庫/書架區等)
- 展示空間 ×1 (2F&3F各部分)
- 多功能研習教室(大中小各1)(4F)
- 輕食區(2F)
- 行政管理室(2F)
- 台電配電及受電 電信及網路 部分空調及通風 消防幫浦及水箱
- 停車位檢討 都計內第四類 超過500㎡每250㎡1部車

車道退縮緩衝區

園藝&有機菜園種植區 增進社區老人健康互動

門廳

(三)節能及永續設計考量
- 健康 — 室內環境 / 水資源 / 污水垃圾改善
- 減碳 — CO$_2$減量 / 廢棄物減量
- 節能 — 日常節能(空調及照明 搭配智慧建築)
- 生態 — 生物多樣 / 綠化量(綠化宜喬木灌木草花) / 基地保水

EEWH + BEMS

2F平面 S: A3=1/300
- 活躍運動展示 / 行政管理室 / 綜合佈線整合系統
- 健康互動展示 / 櫃台區 / 輕食區

3F平面 S: A3= 1/300
- 創意感想展示 / 藝術展示 / 書架區 / 閱覽區
- 彈性使用空間 / 檢索區 / 個人櫃台 / 置物區

長向剖/立面圖 S: A3=1/300
- 研習教室/教師研究室
- 靜態展示/圖書資料/彈性空間
- 部分展示/行政管理/輕食區
- 門廳 / 半戶外活動
- 地下停車/机电/消防

園藝區部分於屋頂

意象透視圖

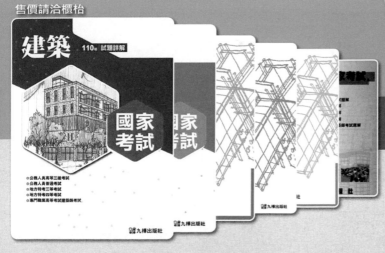

讀者回函卡

年　　　　月　　　　日

※ 請寄回讀者回函卡。讀者如考上國家相關考試，**我們會頒發恭賀獎金**。

讀者姓名：

手機：　　　　　　　　　　　　市話：

地址：　　　　　　　　　　　　E-mail：

學歷：□高中　□專科　□大學　□研究所以上

職業：□學生 □工 □商 □服務業 □軍警公教 □營造業 □自由業　□其他_____

購買書名：

您從何種方式得知本書消息？

□九華網站　□粉絲頁　□報章雜誌　□親友推薦　□其他_____

您對本書的意見：

內　　容	□非常滿意	□滿意	□普通	□不滿意	□非常不滿意
版面編排	□非常滿意	□滿意	□普通	□不滿意	□非常不滿意
封面設計	□非常滿意	□滿意	□普通	□不滿意	□非常不滿意
印刷品質	□非常滿意	□滿意	□普通	□不滿意	□非常不滿意

※讀者如考上國家相關考試，**我們會頒發恭賀獎金**。如有新書上架也盡快通知。
　謝謝！

廣　告　回　信
台北郵局登記證
台北廣字第 04586 號

台北市私立九華短期職業補習班土木建築 收

台北市中正區南昌路一段 161 號 2 樓

1 0 0 - 7 8

111 建築國家考試試題詳解

編 著 者：九華土木建築補習班

發 行 者：九樺出版社

地　　　址：台北市南昌路一段 161 號 2 樓

網　　　址：http://www.johwa.com.tw

電　　　話：(02) 2351－7261~4

傳　　　真：(02) 2391－0926

定　　　價：新台幣　750　元

ＩＳＢＮ：978-626-95108-8-7

出版日期：中華民國一一二年四月出版

官方客服：LINE ID：@johwa

總 經 銷：全華圖書股份有限公司

地　　　址：23671 新北市土城區忠義路 21 號

電　　　話：(02) 2262-5666

傳　　　真：(02) 6637-3695、6637-3696

郵政帳號：0100836-1 號

全華圖書：http://www.chwa.com.tw

全華網路書店：http://www.opentech.com.tw